你好，中国花语

李宏震
徐洁佳
著

北京日报出版社

图书在版编目（CIP）数据

你好，中国花语 / 李宏震，徐洁佳著. -- 北京：北京日报出版社，2022.1
ISBN 978-7-5477-4192-4

Ⅰ. ①你… Ⅱ. ①李… ②徐… Ⅲ. ①花卉—文化—中国—通俗读物 Ⅳ. ①S68-49

中国版本图书馆CIP数据核字(2021)第258765号

你好，中国花语

出版发行：北京日报出版社
地　　址：北京市东城区东单三条8-16号东方广场东配楼四层
邮　　编：100005
电　　话：发行部：（010）65255876
　　　　　总编室：（010）65252135
印　　刷：北京盛通印刷股份有限公司
经　　销：各地新华书店
版　　次：2022年1月第1版
　　　　　2022年1月第1次印刷
开　　本：710毫米×1000毫米　1/16
印　　张：13
字　　数：130千字
定　　价：88.00元

序言

大约在七年前，我们有幸接触到木版年画，从而对中国木版水印技艺产生了浓厚兴趣。之后，我们一直从事中国木版水印技艺的研究、整理、修复和再设计工作。

木版水印是中国传统特有的版画印刷技艺，它集绘画、雕刻和印刷为一身。早在唐代，就已经有单色木版印刷。明末时出现了饾版（分色将局部雕成小木版，然后再用水墨或颜料逐色套印成画）和拱花（通过木版以凸出或凹下的线条按压出花纹，实现类似现代的凹印或凸印的效果）技艺，将木版水印推升到最高峰。

古人非常有才情雅趣，会利用饾版和拱花技艺，将花鸟、山水、奇石等图样制作成精美的笺纸，用于提诗或者书信，将笺纸汇集成册即为笺谱。提到笺谱，人们一般都会提及三套巅峰之作：明代吴发祥刊印的《萝轩变古笺谱》和明代胡正言编印的《十竹斋笺谱》，以及1933年鲁迅先生与郑振铎先生出版的《北平笺谱》。

我们在研究这些笺谱的过程中偶然间发现一则小故事。鲁迅先生在1931年的书账中曾写道：“《百花诗笺谱》一函二本。振铎赠。七月二十三日。”他和郑振铎先生皆为爱笺之人。郑振铎先生喜欢四处搜集笺纸，在偶然得到《百花诗笺谱》后，转赠给了鲁迅先生，之后《北平笺谱》也是受其启发而编辑出版的。

清代文美斋的《百花诗笺谱》被喻为中国古笺谱最后的辉煌，承前启后，却不太为人所知。这套《百花诗笺谱》究竟长什么样？几经找寻，我们终于在一位拍卖师的手里找到了一套品相不错的《百花诗笺谱》，并专门跑到上海将其收入囊中。

这套笺谱历经百年辗转，已经有些泛黄，却让我们非常惊艳与震撼。《萝轩变古笺谱》《十竹斋笺谱》和《北平笺谱》多以奇石古器、鸟兽花果为题材，风格清新雅致，与之相比，《百花诗笺谱》的百花题材更为统一和亲切。其花朵图案张力更大，花色潋滟多姿，构图巧妙，伸展富于变化。木版雕刻刀法高超，线条细腻，饾版套色印刷精湛，将叶片的茎络以及花瓣的晕染表现得淋漓尽致。

但遗憾的是，笺谱虽然名为《百花诗笺谱》，却有花而无诗，也不能将花的名字和寓意逐一道出，实属遗憾。于是我们产生一个想法，要帮这些花找到属于它们的文化故事。这也正是我们写作《你好，中国花语》这本书的初衷。

在考证这些花的过程中，我们发现一个问题。如今人们对于花的理解，多来自西方，比如，情人节要送玫瑰、母亲节要送康乃馨等，都是不折不扣的舶来品，并且多数是近代商业营销推动的结果。用这些含义代入情景去理解中国古人关于花的认知，感觉非常奇怪，甚至荒谬。

早在几千年前，我们的祖先就已经对花有了深刻的解读，但时至今日，又有几人能够讲出这些花背后的文化含义呢？所以我们想基于古人对花的理解，重拾一套属于中国人的花语体系。

历时两年多，我们翻阅了大量古代文献资料，寻找关于花的名字来历、典故传说和民间故事的记载。本书主要参考如明代王象晋的《群芳谱》，清代汪灏汇编的《广群芳谱》，清代陈淏子的《花镜》，清代吴其濬的《植物名实图考》以及清代李渔的《闲情偶寄》等书中对花的阐释，并加入关于花的诗词，从而了解古人的花语评定。

我们一共选择了九十种花，介绍它们所代表的花语。这些花就像人一样，每一种都有各自的性格特点，或热烈奔放，或清幽高洁。我们惊喜地发现，古人对花的鉴赏力和想象力远比现代人丰富细腻。比如剪春罗、晚香玉，单是名字，就让人赏心悦目；又如蜀葵始终向阳，还能卫足，所以象征忠诚；扁豆花、紫荆等看似不起眼的花，却有烟火气，有家的温度。

这九十种花的插图全部源于宣统三年（1911年）木版水印的《百花诗笺谱》。光绪十八年（1892年），天津文美斋主人焦书卿邀请天津著名画家张兆祥绘制了《百花诗笺谱》。张兆祥，字和庵，被誉为清末“叶花卉之宗匠”。他自幼学画，工花鸟，兼采郎世宁等宫廷画师的西画方法，将中国没骨写生画法与西洋采光造型融为一体。宣统三年，文美斋主人焦书卿不惜成本，将加料宣纸和传统木版水印套色技艺结合在一起，刊行了张兆祥所绘的《百花诗笺谱》一函二册。

《百花诗笺谱》距今已经有百余年，受当时环境和时代背景所限，古人所绘花的形态与现在的花会有一定的出入。但瑕不掩瑜，我们希望保留《百花诗笺谱》木版水印原汁原味的美，让人们欣赏到这枚沧海遗珠，近距离感受古人在笺谱上登峰造极的造诣。正如清末桐城派名士张祖翼为《百花诗笺谱》所作序中所言："书画之妙，当以神会，难以形求。故世之评画者，以神韵为上，迹象次之。然神韵、迹象缺一不可。"

我们希望借助中国花语，人们既能了解这些花在中国传统文化中的含义，也能对古人审美和生活情怀有更深层次的认知。以花为切入点，人们还可以对古代历史典故、名人逸事和文化品格洞悉一二。

鲁迅先生曾说："镂象于木，印于素纸，以行远而及众，盖实始于中国。"无论是中国花语，还是流传千年的中国木版水印技艺，一切本源于中国传统文化的智慧和美，都不该被遗忘，应该被唤醒。

李宏震　徐洁佳

2021 年 9 月 9 日

目录

春华

夏炽

秋实

冬雪

春华

你好，中国花语

赠范晔诗

南北朝 陆凯

折花逢驿使，寄与陇头人。
江南无所有，聊赠一枝春。

梅花

梅花，在我国有三千多年的历史，被视为吉祥之物，是报喜、吉庆的象征。梅花花开五瓣，代表五福，即长寿、富贵、康宁、好德和善终。

早在《诗经·国风·召南·摽有梅》中就有梅花的记载："摽有梅，其实七兮。求我庶士，迨其吉兮。"南宋诗人范成大著有《范村梅谱》，是我国最早研究梅花的专著。他在《范村梅谱》中提出："梅以韵胜，以格高，故以横斜疏瘦与老枝怪奇者为贵。"清代陈淏子在其园艺学专著《花镜》中也提到："盖梅为天下尤物，无论智、愚、贤、不肖，莫不慕其香韵而称其清高。故名园古刹，取横斜疏瘦，与老干枯株，以为点缀。"所以在诗词和绘画中，梅花的形态总离不开横、斜、疏、瘦四个字。

梅花不畏严寒，开百花之先，古人咏梅佳作众多。以南北朝时陆凯的《赠范晔诗》为例。陆凯乃东吴名将陆逊之侄，与范晔是挚友，分隔千里只能靠书信往来。陆凯率兵南征过梅岭时正值岭梅怒放，他立马于梅花丛中，回首北望，想起了好友，便折下一枝梅花夹于信中寄出。此后人们常效仿以梅花传信寄情，"一枝春"也成为梅花的雅称。

北宋诗人林逋（bū）爱梅如痴。他一生隐居，不仕不娶，以梅为妻，以鹤为子。其《山园小梅》中的"疏影横斜水清浅，暗香浮动月黄昏"将梅花清幽飘逸的气质写绝，后世多以"疏影"和"暗香"来意指梅花。

梅花花期为早春 2 月至 3 月，在我国各地均有栽种，长江流域以南各省最多。

代迎春花招刘郎中

唐 白居易

幸与松筠相近栽，不随桃李一时开。

杏园岂敢妨君去，未有花时且看来。

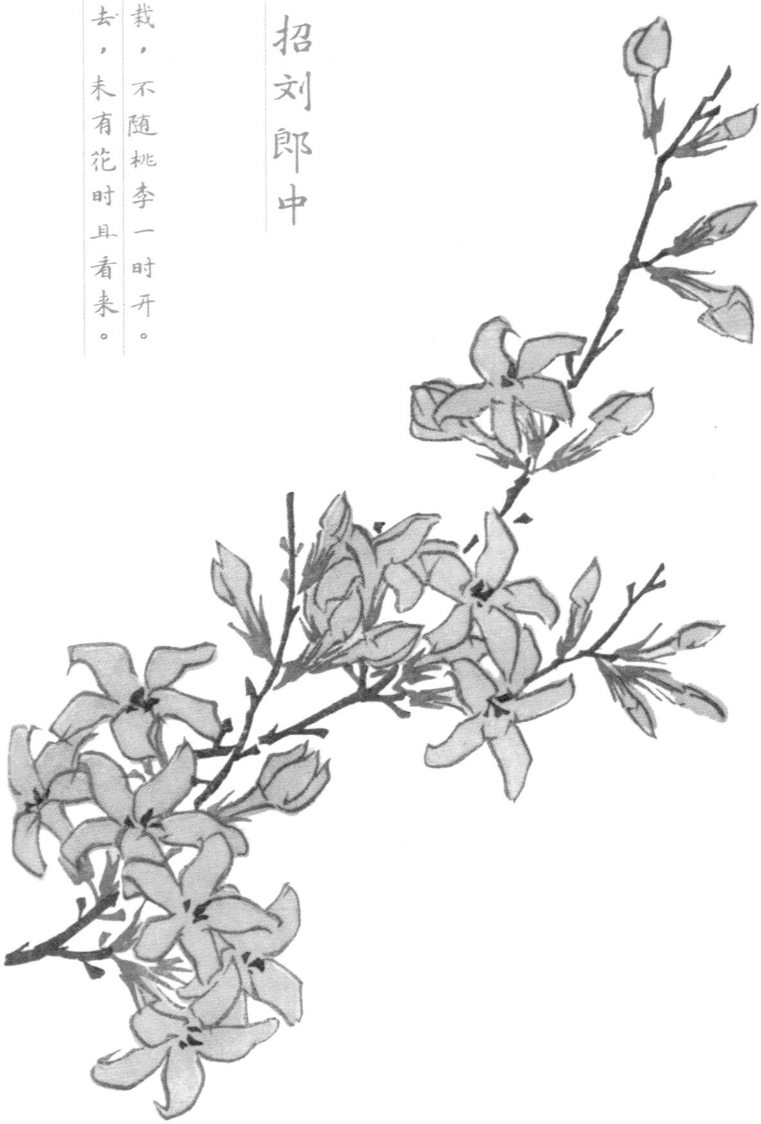

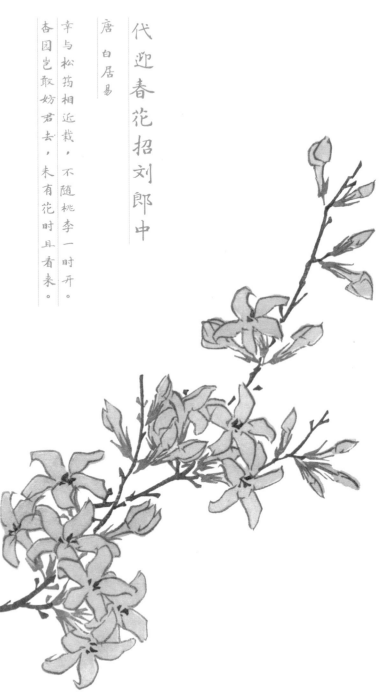

迎春

迎春，在我国有一千多年的历史。其枝条柔韧细长，身姿婆娑，花色金黄璀璨。虽然不如桃李盛开时繁茂，但在乍暖还寒、其他花还在沉睡之际，只有它最早苏醒，装点春天的景致，所以它被赋予了“迎春”的期盼，象征了光明和希望。

《广群芳谱》中描写迎春：“一名金腰带，人家园圃多种之。丛生，高数尺，有一丈者。方茎厚叶，如初生小椒叶而无齿，面青背淡，对节生小枝，一枝三叶。春前有花如瑞香，花黄色，不结实。叶苦、涩，平，无毒。虽草花，最先点缀春色，亦不可废。”

“金腰带”在古代是高官的象征，所以迎春也预示着仕途光明、富贵亨通。迎春被叫“金腰带”的典故，源自西施和范蠡的民间传说。越王勾践卧薪尝胆，攻克吴国后，西施功成身退，随范蠡泛舟于湖上。恰逢迎春花开之际，范蠡随手折下一束枝条，缠绕于西施腰间。西施不识此花，但是觉得金灿灿分外好看，很像官员金色的腰带，于是将腰间花枝唤为“金腰带”。范蠡正是借此“金腰带”赞赏西施为越国所做的贡献。

迎春花期为早春 2 月至 4 月，产于我国甘肃、陕西、四川，云南西北部、西藏东南部，多栽种于园林的湖边、溪畔和桥头等。

平定李侍御应时予之同年友也曾视予病感之寄此

明 杨巍

前年视我山中病，
落日独骑骢马来。
记得任家亭子上，
连翘花发共衔杯。

连翘

连翘，其名字早在《尔雅》中就有记载："连，异翘。"李时珍在《本草纲目》中解释："则是本名连，又名异翘，人因合称为连翘矣。"

花开时，连翘满枝金黄，摇曳生姿，其形状犹如金光闪耀的绶带，所以古人又称之为黄绶带。因连翘的果实可以入药，具有清热解毒的功效，轻身健体，所以也叫黄寿丹，是黄色的长寿灵丹。

连翘与迎春都是在早春开黄色的花，十分相像，难以区分。两者最大的区别在于连翘花瓣是四片的，而迎春花瓣是五至六片的。连翘更为高大，枝条不易下垂；而迎春比较矮小，枝条易下垂。连翘的枝条是浅褐色木质感，而迎春的枝条是绿色油润的。

连翘花期为 3 月至 4 月，产于我国河北、山西、陕西、山东、河南、湖北、四川，以及安徽西部等地，常用于园林庭院景观装饰。

大林寺桃花

唐 白居易

人间四月芳菲尽，山寺桃花始盛开。
长恨春归无觅处，不知转入此中来。

桃花

桃花，在我国有三千多年的历史。桃花的名字源于其结的果实量大。《本草纲目》中记载：“桃性早花，易植而子繁，故字从木、兆。十亿曰兆，言其多也。或云从兆谐声也。”所以桃是从兆来的谐音。

关于桃花的文学记载，最早见于《诗经·周南·桃夭》：“桃之夭夭，灼灼其华。之子于归，宜其室家。”桃花开时红艳繁盛，娇俏可人，所以古人多以桃花形容女子面容姣好。《桃夭》就是以红灿灿的桃花形容新娘的美貌，娶到这样姑娘的家庭将和顺美满。

桃花是春天的象征，多有吉祥美好的寓意。人们常说的“桃李满天下”，预示学生遍布天下。而桃花还能结果，桃子常作为仙品，如老寿星手捧的仙桃，王母娘娘的蟠桃盛会，都是福寿的象征。

桃木还被视为辟邪之物。《花镜》中描写：“桃为五木之精，能制百鬼，乃仙品也。”《山海经》中描写夸父追日：“北饮大泽，未至，道渴而死。弃其杖，化为邓林。”这里“邓林”指的是就是桃林。这句话的意思是说夸父追日，干渴而死，死后将神杖抛出便化成了一片桃林。民间还有传说上古神荼（shēn shū）和郁垒（yù lǜ）两位神仙，居东海度朔山上，每日立大桃树下，监督百鬼。后世用桃木刻成他们的模样，挂在大门上镇宅辟邪，也就是最早的门神。因此才有后来王安石《元日》中所写的：“千门万户曈曈日，总把新桃换旧符。”

桃花花期为 3 月至 6 月，原产于我国中部及北部，现各地广为种植。

和江邻几省中赏小桃

宋 梅尧臣

年年二月卖花天，唯有小桃偏占先。
初见嫩红无不喜，终知俗艳几多妍。
邻翁已折郊园里，贵客争夸粉署边。
可惜工夫吟向此，会须留醉牡丹前。

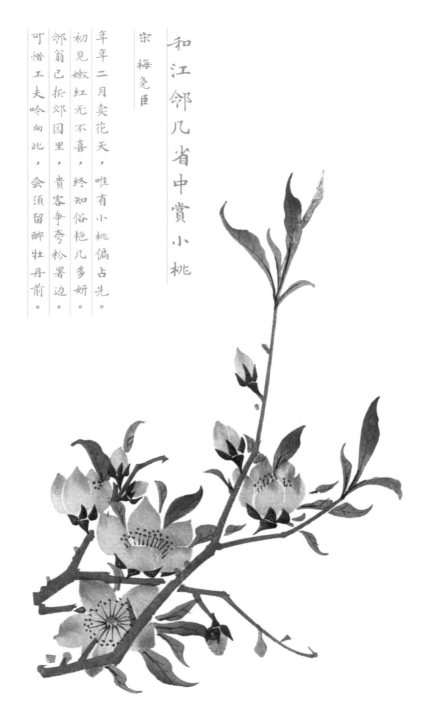

山桃

山桃，又称榹（sì）桃。《尔雅》中记载："榹桃，山桃。"相比于桃花，山桃在春天开花更早，花小繁密，一般为粉红色。花开时娇俏可爱，俏丽但不喧嚣，预示生机和希望的到来。

古人更爱称山桃为小桃，这种亲昵的称呼显现出对山桃的喜爱。陆游在《老学庵笔记》里写："欧阳公、梅宛陵、王文恭集，皆有小桃诗。欧诗云：'雪里花开人未知，摘来相顾共惊疑。便当索酒花前醉，初见今年第一枝。'初但谓桃花有一种早开者耳。及游成都，始识所谓小桃者，上元前后即着花，状如垂丝海棠。"陆游文中说的是欧阳修、梅尧臣和王珪（guī）都有写小桃的诗，可见文人大家也甚爱山桃。

山桃花期为 3 月至 4 月，分布于我国山东、河北、河南、山西、陕西、甘肃、四川、云南等地，常生长于山坡、山谷沟底或荒野疏林及灌丛内。

游园不值

宋 叶绍翁

应怜屐齿印苍苔，小扣柴扉久不开。
春色满园关不住，一枝红杏出墙来。

杏花

杏花，在我国有两三千年的历史。杏花开时胭脂万点，占尽春色。而杏树寿命可以长达百年，是古老的树木。

《管子》中早有记载：“五沃之土，其木宜杏。”意思是说广大的沃土上，应该栽种杏树。而《庄子》中也有记载：“孔子游乎缁帏之林，休坐乎杏坛之上。弟子读书，孔子弦歌鼓琴，奏曲未半。”相传杏坛为孔子聚徒授业讲学之处，后世以杏坛喻教育界。宋代孔子第四十五代孙孔道辅监修孔庙时，将原来的正殿后移，除地为坛，环植以杏，名曰杏坛，以此纪念孔子讲学。

因为“杏”与“幸”同音，所以杏花多有美好幸运的寓意。古代考进士时正值杏花开放，所以杏花又被称为及第花，是状元及第的象征。唐代郑谷在《曲江红杏》中曾写：“女郎折得殷勤看，道是春风及第花。”传统年画上状元郎官帽上插着或手中拿着的及第花，就是杏花。

《神仙传》中记载神医董奉的故事：“君异居山间，为人治病，不取钱物，使人重病愈者，使栽杏五株，轻者一株，如此数年，计得十万余株，郁然成林。”讲的是神医董奉在山上行医，看病不收钱，让重病痊愈者在山中栽杏五株，轻病痊愈者栽杏一株。由于他医术高明，医德高尚，患者纷纷慕名前来，数年之间就种植十万余株，成为一片杏林。自此杏林成为中医的别称，技术精湛的中医大夫被称为杏林圣手。

杏花花期为 3 月至 4 月，我国各地均有栽种，尤以华北、西北和华东地区种植较多。

李

宋 苏轼

不及梨英软，应惭梅萼红。
西园有千叶，淡伫更纤秾。

李花

李花，又名玉梅。花开时雪白素雅，浓密繁茂，气味芳香并不浓烈。《花镜》中描写：“花白小而繁，多开如雪。”

人们多以圣洁形容李花，称其有道家仙骨。《太平广记》中记载了一个关于李树和老子的故事：“或云老子之母，适至李树下而生。老子生而能言，指李树曰：‘以此为我姓。’”意思是说老子的母亲于李树下生下老子，老子刚出生就会说话，还指着李树说以此为我姓。老子姓李，所以李树与老子和道家有不解之缘。

人们经常将李花和桃花相提并论，有李白桃红一说。《诗经·召南·何彼秾矣》有云：“何彼秾矣，华如桃李！”意思是如此繁盛绚烂的景象，正如桃花李花般相称和谐。

李花也常被拿来与桃花做比较。《广群芳谱》中评述：“《灌园史》语云，桃李不言，下自成蹊。予谓桃花如丽姝，歌舞场中定不可少。李花如女道士，烟霞泉石间独可无一乎。”意思是说桃花如歌舞场中常见的美女，但李花像女道士一样超凡脱俗，气质独一无二。

李花谢后果实挂满枝头，古人称李子为嘉庆子。《本草纲目》中提到：“韦述《两京记》云：东都嘉庆坊有美李，人称为嘉庆子。”所以嘉庆子和清朝嘉庆皇帝没有关系，只是唐代的坊名。

李花花期通常为 4 月左右，分布于我国陕西、甘肃、四川、云南、贵州、湖南、湖北、江苏、浙江、江西、福建、广东、广西和台湾等地。

春怨

唐 刘方平

纱窗日落渐黄昏，金屋无人见泪痕。
寂寞空庭春欲晚，梨花满地不开门。

梨花

梨花，在我国有两千多年的历史。花开洁白如雪，芳香清逸。《花镜》中描写梨花：“二月开花六出，似李花稍大，有红、白二色，香不香之别。”梨花和李花都开白色的花，但是梨花要更大，李花则花小繁密。

梨花雪白纯洁，常用来比喻女子白皙娇嫩的皮肤。元代丘处机道长写过一首《无俗念·灵虚宫梨花词》，将梨花比喻为仙人：“浑似姑射真人，天姿灵秀，意气殊高洁。万蕊参差，谁信道，不与群芳同列。”后来金庸在《神雕侠侣》中引用之，来形容小龙女的超凡脱俗。

白居易的《长恨歌》则用“玉容寂寞泪阑干，梨花一枝春带雨”，来比喻杨贵妃肤白貌美，哭起来楚楚动人，如梨花带雨。无独有偶，马嵬坡之变，杨贵妃被赐白绫一条，正是缢死在了佛堂的梨树下。

梨花开在清明寒食节前后。古人多不喜梨花，因为梨花开过意味着春天即逝，又因“梨”与“离”同音，所以梨花总是带有一丝离愁别绪。刘方平在《春怨》中写：“寂寞空庭春欲晚，梨花满地不开门。”又因为梨花纯白素净，正好与祭扫和寒食的文化内涵相对应，所以梨花也叫“寒食之花”“清明之花”。

梨花花期为 3 月至 5 月，种类及品种繁多，栽培遍及我国各地。

玉兰花

明 文徵明

绰约新妆玉有辉，素娥千队雪成围。
我知姑射真仙子，天遣霓裳试羽衣。
影落空阶初月冷，香生别院晚风微。
玉环飞燕元相敌，笑比江梅不恨肥。

玉兰

玉兰，又称白玉兰。《广群芳谱》中描写玉兰：“花九瓣，色白微碧，香味似兰，故名。丛生，一干一花，皆着木末，绝无柔条。隆冬结蕾，三月盛开。”

玉兰花叶舒展，美丽大方，是古代文人墨客笔下的宠儿。明四家中的沈周和文徵明都爱画玉兰、写玉兰，他们将玉兰比喻为霓裳仙子，以此赞誉其高洁品格。沈周在《题玉兰》中写道：“翠条多力引风长，点破银花玉雪香。韵友自知人意好，隔帘轻解白霓裳。”文徵明在《玉兰花》中写道：“绰约新妆玉有辉，素娥千队雪成围。我知姑射真仙子，天遣霓裳试羽衣。”

因为玉兰洁白无瑕，多被用来比喻清新高雅。在明代，玉兰还被称为“玉树”。“玉树”本指神话传说中的仙树，“玉树临风”形容人像“玉树”一样潇洒，风流倜傥。李渔在《闲情偶记》中说：“世无玉树，请以此花当之。”所以文人爱以玉兰迎着春风而开的形象入画，比喻玉树临风。民间则爱将玉兰与海棠、牡丹、桂花并列，各取一字，取“玉堂富贵”的吉祥寓意。

玉兰花期为早春2月至3月，原产于江苏、安徽、浙江、湖南等地，我国各大城市园林广泛栽培。

辛夷坞

唐　王维

木末芙蓉花，山中发红萼。
涧户寂无人，纷纷开且落。

辛夷

辛夷，又称紫玉兰、木笔花，在我国有两千多年的历史。辛夷中“辛”是指味道辛辣，“夷”是指花蕾初生时的嫩芽。《花镜》中描写辛夷：“较玉兰树差小。叶类柿而长，隔年发蕊，有毛，俨若笔尖。花开似莲，外紫内白，花落叶出而无实。”

《楚辞》中曾多次出现辛夷。《九歌·山鬼》中有“乘赤豹兮从文狸，辛夷车兮结桂旗”，《九歌·湘夫人》中有“桂栋兮兰橑，辛夷楣兮药房”，《九叹·惜贤》中有“结桂树之旖旎兮，纫荃蕙与辛夷”。由此可见，辛夷清雅之姿自古就备受推崇。

唐代诗人王维曾作诗《辛夷坞》：“木末芙蓉花，山中发红萼。涧户寂无人，纷纷开且落。”辋（wǎng）川别业是他晚年隐居之所，此处盛产辛夷，所以被命名辛夷坞。此后，辛夷坞成为人们向往的隐居之所。

辛夷，因为其花初出时尖如笔椎，而得名木笔花。明代文人陈继儒写有《辛夷》：“春雨湿窗纱，辛夷弄影斜。曾窥江梦彩，笔笔忽生花。”描写的正是辛夷“妙笔生花”。

辛夷花开时，紫色花朵艳丽怡人，有“紫气东来”的好兆头。辛夷还常出现在民间吉祥画《必得其寿图》中。“必得其寿”这句成语出自《中庸》：“故大德，必得其位，必得其禄，必得其名，必得其寿。”辛夷取木笔花“笔”与“必”的谐音，寿石取长寿之意。

辛夷花期为 3 月至 4 月，产于我国福建、湖北、四川，以及云南西北部，各大城市均有栽种。

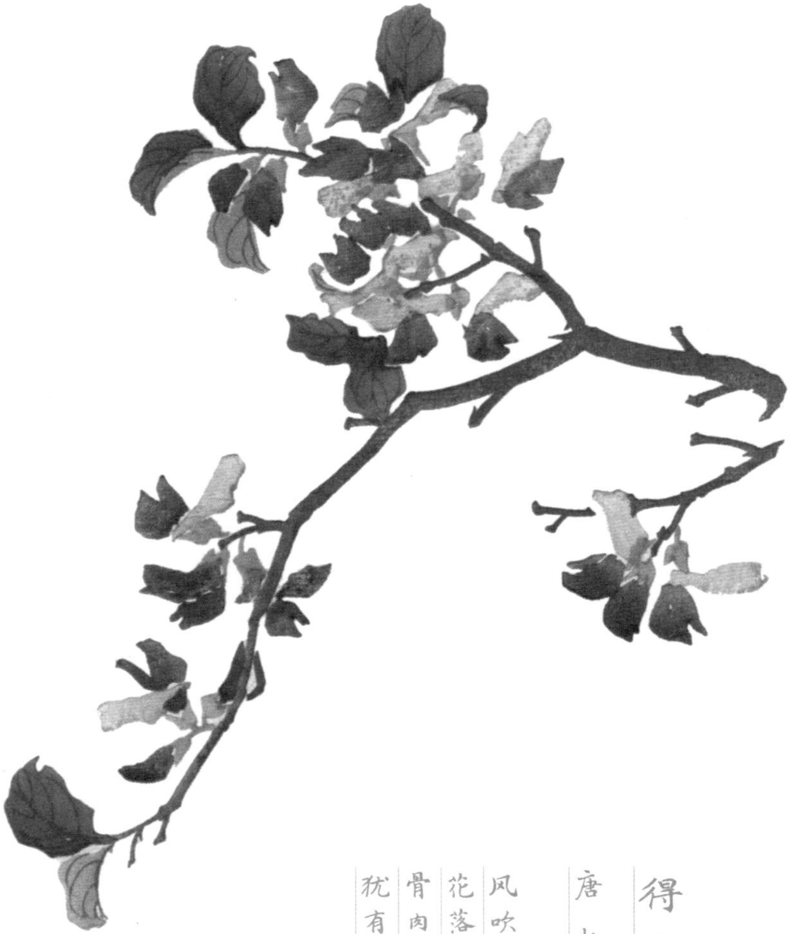

得舍弟消息

唐 杜甫

风吹紫荆树，色与春庭暮。
花落辞故枝，风回返无处。
骨肉恩书重，漂泊难相遇。
犹有泪成河，经天复东注。

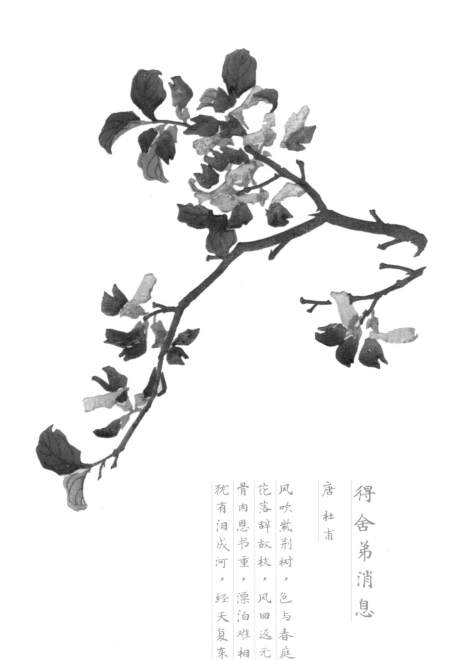

紫荆

紫荆，又名满条红。紫荆花开时，满枝花朵紫红一片，甚是美丽，古人常将其种于庭院中作为庭院树。

《花镜》说紫荆："花丛生，深紫色，一簇数朵，细碎而无瓣，发无常处，或生本身，或附根枝，二月尽即开。柔丝相系，故枝动，朵朵娇颤若不胜……昔临潼田真兄弟分居复合，荆枯再荣，勿谓草木无情也。"

这里提到的"田家紫荆"这一典故，在南朝梁吴均的《续齐谐记》中有记载："京兆田真兄弟三人，共议分财。生赀皆平均，惟堂前一株紫荆树，共议欲破三片，明日就截之。其树即枯死，状如火然。真往见之，大惊，谓诸弟曰：'树本同株，闻将分斫，所以憔悴。……是人不如木也。'因悲不自胜，不复解树，树应声荣茂。兄弟相感，合财宝，遂为孝门，真仕至太中大夫。"

讲的是田真兄弟三人分家，所有财产平均分配完毕，只剩下一棵紫荆树欲砍为三截。第二天，当兄弟们前来砍树时，发现树已枯萎，花凋落满地。田真深感分家之事，伤了兄弟情，人不如木。于是兄弟三人决定不再分家，紫荆树又焕发了生机。兄弟合家至孝，最后田真做官至太中大夫。古人常以此田家紫荆故事，寓意家族欲昌盛，当须齐心协力。紫荆也成为家庭和睦、兄弟同心的象征。

紫荆花期为3月至4月，产自我国东南部，北至河北，南至广东、广西，西至云南、四川，西北至陕西，东至浙江、江苏和山东等省区。香港市花紫荆花，是红花羊蹄甲，译为洋紫荆，与紫荆并不是同一种。

赏牡丹

唐 刘禹锡

庭前芍药妖无格，池上芙蕖净少情。
惟有牡丹真国色，花开时节动京城。

牡丹

牡丹，又名木芍药，有花中之王的称号。《本草纲目》写牡丹的名字来历：“牡丹，以色丹者为上，虽结子而根上生苗，故谓之牡丹。”

《群芳谱》中记载牡丹：“秦汉以前无考，自谢康乐始言‘永嘉水际竹间多牡丹’，而北齐杨子华有画牡丹，则此花之从来旧矣。”这里提到了牡丹在秦、汉以前无可考，最早可追溯到南北朝时谢灵运曾提及“永嘉水际竹间多牡丹”，以及北齐宫廷画家杨子华擅画牡丹。

牡丹自隋代开始进入皇家宫苑，由此在东都洛阳出名。唐代起，牡丹达到了举国喜爱和珍视的程度。刘禹锡在《赏牡丹》里描写其盛况：“惟有牡丹真国色，花开时节动京城。”

古人常以花草的繁茂暗示国家的兴盛。牡丹花团较大，盛开时壮丽震撼，寓意荣华富贵，国家繁荣昌盛，这也是盛唐推崇牡丹的原因。

民间另有武则天贬牡丹花于洛阳的传说。《事物纪原》中记载：“武后冬月游后苑，花俱开，而牡丹独迟，遂贬于洛阳。”隆冬之日，武则天在长安游后苑时，下令命百花同时开放。百花慑于武后的权势都开花了，唯独牡丹不开花。武后大怒，把牡丹贬至洛阳。牡丹一到洛阳后，立即盛开。武后下令用火烧死牡丹。不料牡丹经火一烧，反而开得更加鲜艳壮观。这则故事在冯梦龙的《醒世恒言》以及李汝珍的《镜花缘》中都有演绎，从而衍生出牡丹不畏权势的性格。

牡丹花期一般为 5 月，原产于我国长江流域与黄河流域诸省，如今已扩展至全国各地。

鱼儿牡丹

宋 周必大

天教姚魏主芳菲，合有宫嫔次列妃。
玉颈圆搓宜粉面，霞裙深染学翚衣。
枝头窈窕鱼双贯，风里蹁跹凤对飞。
莫把根苗方芍药，留春不似送将归。

荷包牡丹

荷包牡丹，又名铃儿草。因为心形的花朵，好似成双成对的鱼儿游在一起，所以又叫鱼儿牡丹。

荷包牡丹并不是牡丹的一种，只因其叶子与牡丹的叶子相似，花呈桃心状，颇似荷包而得名。《花镜》中描写荷包牡丹："一干十余朵，累累相比，枝不能胜，压而下垂，若俛首然。以次而开，色最娇艳。"

关于荷包牡丹，民间有"玉女思君"的传说。古时女子会亲手绣荷包，送给心爱的男子作为定情信物。相传一位美丽的姑娘名叫玉女，心灵手巧，绣的花可以以假乱真。但是她钟情的男子去塞外从军后杳无音信，她每月绣一个荷包传递思念，挂在窗前的牡丹枝上。天长日久，荷包连成了串，就变成了荷包牡丹。所以荷包牡丹象征着至死不渝的爱情和对情人的思念。

荷包牡丹花期为 4 月至 6 月，产自我国北部（北至辽宁），在河北、甘肃、四川、云南有分布。

扬州慢·淮左名都

宋　姜夔

杜郎俊赏，算而今、重到须惊。
纵豆蔻词工，青楼梦好，难赋深情。
二十四桥仍在，波心荡、冷月无声。
念桥边红药，年年知为谁生？

芍药

芍药，又名将离、离草，与牡丹并称“花中二绝”，自古有“牡丹为花王，芍药为花相”的说法。

《通志略》里记载：“芍药著于三代之际，风雅所流咏也。今人贵牡丹而贱芍药，不知牡丹初无名，依芍药得名，故其初曰木芍药。”是说芍药比牡丹的历史更悠久。在夏商周时期，就已经开始流行栽种芍药。而牡丹最早没有名字，被认为是芍药的一种，因为牡丹是木本，所以被称为木芍药。

在《诗经·郑风·溱洧》中描写：“洧（wěi）之外，洵訏（xún xū）且乐。维士与女，伊其相谑（xuè），赠之以勺药。”意思是说少男少女在三月上巳节相会，分别之时依依不舍，男子赠予女子一朵芍药，寄托恋人之间的思念与约定。《花镜》中也记载：“芍药，古名将离。因人将离别，则赠之也。”所以芍药是恋人分别时赠送的信物，蕴含思念牵挂、离别不舍的含义。

相较于牡丹的雍容华贵，芍药更显柔弱娇媚。《广群芳谱》中记载芍药：“《本草》曰：芍药，犹婥约也，美好貌，此草花容婥约，故以为名。处处有之，扬州为上，谓得风土之正，犹牡丹以洛阳为最也。”这里提到了芍药与扬州的关系和牡丹与洛阳是一样的。因为扬州水土适宜芍药生长，芍药常作为扬州的象征。

芍药花期为 5 月至 6 月，分布于我国东北、华北，陕西及甘肃南部，江苏、四川、贵州、安徽、山东、浙江等省。

宣城见杜鹃花

唐 李白

蜀国曾闻子规鸟，宣城还见杜鹃花。
一叫一回肠一断，三春三月忆三巴。

杜鹃

杜鹃，又名红踯躅（zhí zhú）、映山红。漫山遍野的杜鹃花开时，红艳璀璨。《花镜》中描写杜鹃："树不高大，重瓣红花，极其烂缦，每于杜鹃啼时盛开，故有是名。先花后叶，出自蜀中者佳。花有十数层，红艳比他处者更佳。"

蜀地的杜鹃花非常有名，还有一个典故。《本草纲目》中记载："蜀人见鹃而思杜宇，故呼杜鹃。说者遂谓杜宇化鹃，讹矣。"意思是说蜀地民间传说，杜鹃鸟乃古蜀国君主望帝杜宇的化身。杜宇一生勤勉，死后化为杜鹃鸟（又称子规鸟），提醒百姓播种。杜鹃鸟嘴上有一块红斑，此时正值杜鹃花开之际，百姓认为杜鹃鸟日夜哀鸣而咯血，染红花朵，所以取名杜鹃花。

李商隐在《锦瑟》中写"庄生晓梦迷蝴蝶，望帝春心托杜鹃"，说的就是望帝和杜鹃的这段渊源。又如李白在宣城看见杜鹃花想起了家乡的子规鸟，写出《宣城见杜鹃花》："蜀国曾闻子规鸟，宣城还见杜鹃花。一叫一回肠一断，三春三月忆三巴。"以此来感怀思乡之情。

杜鹃花期为 4 月至 5 月，产自我国江苏、安徽、浙江、江西、福建、台湾、湖北、湖南、广东、广西、四川、贵州和云南等地。

海棠

宋 苏轼

东风袅袅泛崇光，香雾空蒙月转廊。
只恐夜深花睡去，故烧高烛照红妆。

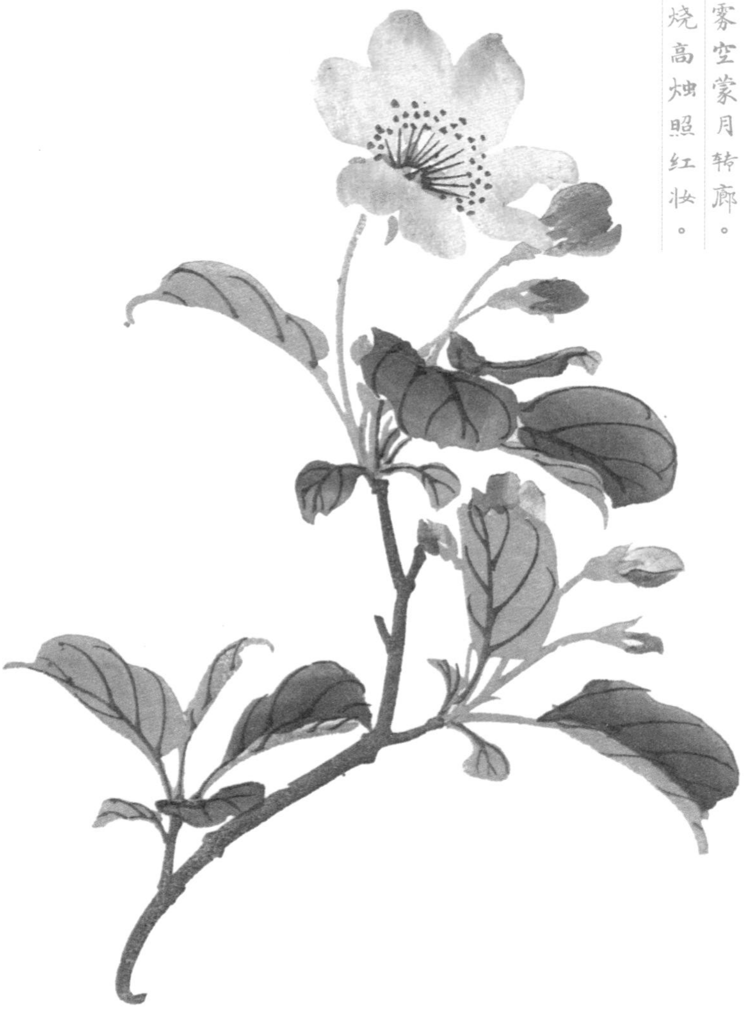

海棠

海棠，素有“花中神仙”“花贵妃”之称。古人喜欢将玉兰、海棠、牡丹、桂花搭配栽种，各取一字，组成“玉堂富贵”的吉祥寓意。

《广群芳谱》中赞誉海棠的美丽：“其株翛（xiāo）然出尘，俯视众芳，有超群绝类之势。而其花甚丰、其叶甚茂、其枝甚柔，望之绰约如处女，非若他花冶容不正者比，盖色之美者惟海棠。”

海棠分为西府海棠、垂丝海棠、贴梗海棠和木瓜海棠四种，即俗称的“海棠四品”。《群芳谱》中做了区分：“贴梗海棠，丛生，花如胭脂；垂丝海棠，树生，柔枝长蒂，花色浅红；又有枝梗略坚、花色稍红者，名西府海棠；有生子如木瓜可食者，名木瓜海棠。”

因为海棠花姿婀娜，人们常将海棠比喻为佳人。《冷斋夜话》里有记载杨贵妃“海棠春睡”的典故：“上皇登沈香亭，诏太真妃子。妃子时卯醉未醒，命力士从侍儿扶掖而至。妃子醉颜残妆，鬓乱钗横，不能再拜。上皇笑曰：‘岂是妃子醉，真海棠睡未足耳。’”意思是说杨贵妃酒醉未醒，唐明皇形容她像海棠没睡足，慵懒而娇媚。

海棠虽然美丽却无香，有蕴含遗憾之意。比如李清照的《如梦令》就透露出一丝伤感：“试问卷帘人，却道海棠依旧。知否，知否？应是绿肥红瘦。”甚至连张爱玲都说人生有三大恨事，一恨鲥鱼多刺，二恨海棠无香，三恨《红楼梦》未完。

海棠花期为4月至5月，在我国山东、河南、陕西、安徽、江苏、湖北、四川、浙江、江西、广东、广西等地都有栽培。

木香

宋 张耒

紫皇宝辂张珠幰，玉女熏笼覆绣衾。
万紫千红休巧笑，人间春色在檀心。

木香

木香，又名十里香、锦棚儿。《花镜》中描写木香：“四月初开花，每颖三蕊。极其香甜可爱者，是紫心小白花；若黄花，则不香；即青心大白花者，香味亦不及。至若高架万条，望如香雪，亦不下于蔷薇。”

木香乃蔷薇一类，常种在墙边或是花篱上，花小洁白而繁密，有着独特浓郁的花香，据说在十里之内都能闻到其香味。民间传说玉皇大帝出巡时喜欢坐木香花搭的车，并以木香藤蔓来铺路。所以人们常以此花来形容气质高贵，清新不俗。

李渔在《闲情偶寄》里对比了木香和蔷薇：“木香花密而香浓，此其稍胜蔷薇者也。然结屏单靠此种，未免冷落，势必依傍蔷薇。蔷薇宜架，木香宜棚者，以蔷薇条干之所及，不及木香之远也。木香作屋，蔷薇作垣，二者各尽其长，主人亦均收其利矣。”意思是说木香虽然香味胜于蔷薇，但木香单独结屏未免单薄。所以若有庭院，可以将木香和蔷薇两者搭配栽种，相得益彰。

木香花期为 4 月至 5 月，主要分布于我国四川和云南，全国各地均有栽培。

瑞香花

宋 王十朋

真是花中瑞，本朝名始闻。
江南一梦后，天下仰清芬。

瑞香

瑞香，又名睡香、蓬莱花，被称为“天下第一香”。《花镜》中描写瑞香：“有紫、白、红三色。本不甚高，而枝干极婆娑，隔年发蕊，蓓蕾于叶顶，立春后即开。花紫如丁香者，其香更浓。”

瑞香花香浓郁，《清异录》中记载：“庐山瑞香花，始缘一比丘昼寝磐石上，梦中闻花香烈酷不可名，既觉，寻香求之，因名睡香。四方奇之，谓乃花中祥瑞，遂以瑞易睡。”意思是说庐山上有一比丘在磐石上睡觉，睡梦中突然闻到一股极为浓郁的花香，待他醒来，便循着这股香味找到了此花。连睡觉都能闻到它的香味，可见其香之浓烈。人们听闻，认为此花有佛缘，寓意祥瑞，所以取名为瑞香，多有献瑞迎春、瑞气盈门之意。

瑞香不仅香气袭人，还能夺去别的香味。一旦有它，别的花香是闻不到的，因此又被叫作“夺香花”或“偷香贼”。

瑞香花期为3月至5月，主要分布于我国的华中、华东、华南地区。

蝴蝶花

清　钟文贞

不向花开晒粉衣，偏从花里斗芳菲。
谁云祝女裙边幻，岂入庄生梦里飞。
曲径烟浓春欲晚，南园风暖绿初肥。
春心素艳浑无那，好借滕王妙笔挥。

鸢尾

鸢尾，又称扁竹花、蓝蝴蝶、紫蝴蝶等。叶片青翠碧绿，似剑若带，花蓝紫色，花瓣形状如鸢鸟，因此得名。

古人对鸢尾的记载多容易与其他花卉混淆。《植物名实图考》中做出总结：“《唐本草》：花紫碧色，根似高良姜。此即今之紫蝴蝶也。《花镜》谓之紫罗兰，误以其根即高良姜。三月开花，俗亦呼扁竹。”

鸢尾花开时形态优美，轻灵飘逸，如同展翅的蝴蝶。民间也有说法将鸢尾与幻化成蝶的祝英台合为一体，称之为“祝英台花”，象征爱情死生契阔，至死不渝。

鸢尾的花期为 4 月至 5 月，原产自我国和日本，在我国主要分布于中南部。鸢尾种类繁多，世界上的鸢尾大概有 300 种，我国有 60 多种。鸢尾在西方非常受推崇，是法国的国花。

马蔺草

明 吴宽

薿薿叶如许，丰草名可当。
花开类兰蕙，嗅之却无香。
不为人所贵，独取其根长。
为帚或为拂，用之材亦良。
根长既入土，多种河岸旁。
岸崩始不善，兰蕙亦寻常。

马兰

马兰，古代称为马蔺（lìn），也就是常说的马莲。《广群芳谱》中描写马兰："其叶似兰而大，其花似菊而紫，俗谓物之大者为马也。李时珍曰：二月生苗，赤茎，白根，长叶，有刻齿，状似泽兰，但不香尔。入夏高二三尺，开紫花，花罢有细子。"

马兰开蓝紫色的花，根茎叶粗壮，在恶劣环境中也可以自由生长。花似鸢尾般艳丽，但是比鸢尾花形要小。在山坡草地中随处可见，似野草般拥有旺盛的生命力，是倔强坚韧的代表。

马兰虽然平凡普通，但并不轻贱，拥有较高的经济价值，其叶子可以用来造纸，还是绝佳的绳子替代品。马兰的叶子可以用来扎粽子和绑螃蟹。马兰的根茎短而粗壮，基部有残叶裂成的纤维状毛，可以制成刷子，古时用来刷马。

马兰花期为 5 月至 6 月，在我国绝大多数地区均有分布。

宫中行乐词

唐 李白

小小生金屋，盈盈在紫微。
山花插宝髻，石竹绣罗衣。
每出深宫里，常随步辇归。
只愁歌舞散，化作彩云飞。

石竹

石竹，又名洛阳花。石竹并不是竹，只因其株型低矮，其茎具节，膨大似竹，故名石竹。

《广群芳谱》中描写石竹：“草品，纤细而青翠，花有五色、单叶、千叶，又有翦绒，娇艳夺目，㛹娟动人。”《花镜》中也写：“石竹，一名石菊，又名绣竹。枝叶如苕，纤细而青翠。夏开红花，赤、深紫数色。”

石竹颜色艳丽，娉婷秀美，象征女性的温柔和灵动雅致。古人常把石竹花的图案织绣在女子衣服上，美观大方。李白在《宫中行乐词》里就曾写：“山花插宝髻，石竹绣罗衣。”王安石在《石竹花》里也写道：“已向美人衣上绣，更留佳客赋婵娟。”可见在衣服上绣石竹在唐宋时就已经很普遍，是当时的一种时尚。

我们常说的康乃馨就是石竹的一种。1934 年 5 月美国首次发行母亲节邮票，邮票图案是惠斯勒的《灰与黑的协奏曲：画家母亲肖像》，画面上母亲凝视着花瓶中插的石竹。自此以后，西方人就把这种花定义为母亲花。

石竹花期为 5 月至 6 月，原产自我国北方，现南北方都有栽种，已培育出许多变种。

紫藤树

唐 李白

紫藤挂云木，花蔓宜阳春。
密叶隐歌鸟，香风留美人。

紫藤

紫藤，又名藤萝。每逢花开时节，紫藤花犹如一串串紫色缨珞，垂落而下。《花镜》中描写紫藤："其叶如绿丝，四月间发花，色深紫，重条绰约可爱。长安人家多种饰庭院，以助乔木之所不及。"

紫藤寿命很长，花开紫色，古朴而又高雅。紫藤的"藤"又与"腾"同音，有飞黄腾达之意，所以文人雅士非常喜欢紫藤，经常会在自家庭院种紫藤。春夏之季，人们可以在紫藤花架下赏花纳凉，写藤、画藤，舒适惬意。

最著名的一株紫藤，是清代纪晓岚在他的院子里栽种的。纪晓岚曾在《阅微草堂笔记》中特别提到这株紫藤："其阴覆厅事一院，其蔓旁引，又覆西偏书室一院。花时如紫云垂地，香气袭衣。"这株紫藤至今仍存活于北京纪晓岚故居里，至今已有两百多年。

紫藤花期为4月至5月，分布于我国河北以南黄河长江流域及陕西、河南、广西、贵州、云南、北京等地。

吴正仲遗二物咏之 金盏子

宋 梅尧臣

钟令昔醒酒，豫章留此花。
黄金盏何小，白玉碗无瑕。
始入吴郎宅，还归楚客家。
从兹不能醉，只恐费流霞。

金盏花

金盏花，又名金盏菊、长春花。花色金黄艳丽，金玉满堂，花形与古人喝酒的金盏很相似，因而得名。《花镜》中描写金盏花："茎上开花，金黄色，状如盏子。有色无香，但喜其四时不绝。"因为四时不绝，花开耐久，所以金盏花被称为长春花。

金盏花药用价值很高，是治愈、镇定的代表，除此之外，还有醒酒的功效。梅尧臣在《吴正仲遗二物咏之 金盏子》诗中曾写："钟令昔醒酒，豫章留此花。黄金盏何小，白玉碗无瑕。始入吴郎宅，还归楚客家。从兹不能醉，只恐费流霞。"意思是说唐僖宗时的中书令钟传，曾把金盏花唤作"醒酒花"。吴楚一带多酒徒，因金盏花能醒酒，所以当地广为栽种，以备醒酒之需。

金盏花花期为 4 月至 9 月，原产于欧洲南部、地中海沿岸一带，18 世纪后才传入我国，现在我国园林中已广泛栽培。

余杭

宋　范成大

春晚山花各静芳，从教红紫送韶光。
忍冬清馥蔷薇酽，薰满千村万落香。

忍冬

忍冬，又名金银藤、鸳鸯藤，也就是常说的金银花。忍冬生存能力强，凌冬不凋，所以叫忍冬。

忍冬初开花为白色，后转为黄色。《花镜》中描述："三四月间，开花不绝，长寸许，一蒂两花二瓣，一大一小。长蕊初开，则蕊瓣俱白，经二三日则变黄。新旧相参，黄白相映，如飞鸟对翔，又名金银藤。气甚清芬，而茎、叶、花皆可入药用。"

忍冬开花后气味芬芳，其香清远。同时，忍冬具有清热解毒的功效，其药用价值自古被广泛认知和利用，有久服轻身、长年益寿的作用，被赋予了多福多寿、长命百岁的吉祥寓意。可以说忍冬是一种低调但不失高雅，可观、可闻、可品，全身都是宝的花。

忍冬纹也是古代一种非常重要的装饰纹样。茎蔓蜿蜒起伏，极富美感，寓意吉祥长寿，常出现在壁画、瓷器、刺绣等工艺品和装饰品上。

忍冬花期为 4 月至 6 月，除黑龙江、内蒙古、宁夏、青海、新疆、海南和西藏无自然生长外，全国其他省份均有分布。

代赠二首 其一

唐 李商隐

楼上黄昏欲望休，玉梯横绝月如钩。
芭蕉不展丁香结，同向春风各自愁。

丁香

丁香，又名百结花，在我国有一千多年的历史。丁香花开繁茂，淡雅芳香，因其花筒细长如钉且香，所以叫丁香。

《花镜》中描写丁香："叶似茉莉，花有紫、白二种，初春开花，细小似丁香蓓蕾而生于枝杪。其瓣柔，色紫，清香袭人。"

丁香纤小文弱，枝条柔软，未开时其花苞密布枝头，给人以欲放未尽之感。所以古人将未展开的花苞叫丁香结，寓意郁结不舒，愁思不顺心。历代咏丁香，多以丁香表达心中的忧愁和迷茫，在诗词中总透露着一股苦涩的味道。比如李商隐在《代赠二首 其一》中写："芭蕉不展丁香结，同向春风各自愁。"王十朋在《点绛唇·素香丁香》中写："无意争先，梅蕊休相妒。含春雨。结愁千绪，似忆江南主。"

丁香有白、紫两种，白丁香洁白纯净，紫丁香宁静深远。因为丁香叶片为圆楔形近心形，是一种有佛缘的花，所以丁香广植于寺庙或园林庭院内。

丁香的花期为 4 月至 5 月，主要分布于我国西南及黄河流域以北各省区，长江以北各庭园普遍栽培。

金雀花

宋 宋祁

叠叶倚风绽，翩翾凌雾排。

齐名仙母使，写样汉宫钗。

金雀花

金雀花，又名锦鸡儿。因为其花瓣瓣端稍尖，旁分两瓣，势如飞雀，色金黄，故名金雀花。

《花镜》中描写金雀花："枝柯似迎春，叶如槐而有小刺，仲春开黄花，其形尖，而旁开两瓣，势如飞雀可爱。"《广群芳谱》中也记载："花生叶傍，色黄，形尖，旁开两瓣，势如飞雀，甚可爱。春初即开，采之，滚汤入少盐微焯，可做茶品、清供。"

金雀花生长在高海拔的林间地隙里，能够忍耐寒冷，顽强、低调而又隐忍。古人喜欢侍弄金雀花为盆景。因为它色彩明快，叶片细小，枝条柔软，便于扭曲造型，生长迅速，又耐修剪，是制作盆景的绝佳花材。

金雀花花期为 4 月至 5 月，分布于我国河北、陕西、江苏、江西、浙江、福建、河南、湖北、湖南、四川、贵州、云南，以及广西北部。

经

唐 李峤

汉室鸿儒盛，邹堂大义明。
五千道德阐，三百礼仪成。
青紫方拾芥，黄金徒满籯。
谁知怀逸辩，重席冠群英。

蓝香芥

蓝香芥，又叫“野福禄考”。与二月兰极为相像，是一种随处可见的野生花卉。蓝香芥生命力强，花朵密集而繁多，但是花期并不长。

蓝香芥的“芥”字，在古代指野生小草。蓝香芥也就是蓝色带香味的野花。古人用拾芥比喻像拾起野草一样轻而易举。《汉书·眭两夏侯京翼李传》中记载：“胜每讲授，常谓诸生曰：‘士病不明经术，经术苟明，其取青紫如俯拾地芥耳。学经不明，不如归耕。’”说的是西汉时的夏侯胜为人刚正率直，讲课时常对学生说：儒者最怕不懂经术，经术如果能通晓了，要取得高官（青紫指古时公卿服色）就像拾起地上的野草一样简单。学经不精，不如回家种地。

蓝香芥的花期为 4 月至 5 月，原产于欧亚大陆，在我国可种植区域广，主要分布于长江流域大部分地区、黄河中上游地区。

夏炽

你好，中国花语

缠枝牡丹

明 彭孙贻

垂萝引蔓结绸缪，小作花王附玉楼。
不羡人前比飞燕，却来河畔会牵牛。
缠绵意向双行起，宛转歌成四月愁。
姚魏名家零落尽，残脂断粉擅风流。

缠枝牡丹

缠枝牡丹，又名藤牡丹。缠枝牡丹是藤蔓类花卉，并不属于牡丹，只是因其花色粉红，形似牡丹而得名。

缠枝牡丹盛开时，日开花量可以达到近百朵，色彩斑斓，壮丽美观。《广群芳谱》里记载："柔枝倚附而生，花有牡丹态度，甚小，缠缚小屏，花开烂然，亦有雅趣。"

因为缠枝牡丹生命力极其顽强，又借牡丹之名，所以有喜庆吉祥、生生不息的寓意。古代瓷器、铜镜和织锦上经常能看到缠枝牡丹的身影。其花纹连绵不断，委婉多姿，优美生动，代表花开富贵，生生不息，是非常有代表性的中国传统纹样图案。

缠枝牡丹花期为 6 月至 11 月，原产自我国，在我国黑龙江、河北、江苏、安徽、浙江、四川等地均有分布。

题张十一旅舍三咏 榴花

唐 韩愈

五月榴花照眼明，
枝间时见子初成。
可怜此地无车马，
颠倒青苔落绛英。

石榴花

石榴花，又名安石榴。《博物志》中记载：“汉张骞出使西域，得涂林安石国榴种以归。”石榴并不是产自我国，相传为张骞出使西域时从安石国带回，种植在长安上林苑里，所以被称为安石榴。

古人认为石榴花火红的朱砂色是辟邪之色，又因农历五月端午节是石榴花盛开的时节，所以石榴花有辟邪除祟、守护美好的寓意。每当端午节，这个五毒尽出的日子，老人都要给子女的头上插上一朵石榴花，以祈求平安，有“榴花禳瘟剪五毒”之说。《清嘉录》中记载：“妇女簪艾叶榴花，号为端五景。”在民间一些画像中，专司捉鬼的钟馗头上戴着石榴花或者手中拿着石榴花，都为驱邪之用。

而石榴果实饱满，在古代寓意人丁兴旺，多子多福。民间常用以馈赠新婚夫妇，是兴盛红火、幸福美满的象征。

石榴花花期为 5 月至 7 月，石榴原产波斯（今伊朗）一带，我国南北方均有栽培，江苏、河南等地种植面积较大。

剪春罗

宋 翁元广

谁把风刀剪薄罗？
极知造化着功多。
飘零易逐春光老，
公子樽前奈若何？

剪春罗

剪春罗，又名剪红罗、碎剪罗。李渔在《笠翁对韵》中写过：“轻衫裁夏葛，薄袂（mèi）剪春罗。”因为剪春罗的花瓣边缘呈不规则的缺刻状齿，如同女子春天所穿的绫罗被裁剪过一样，故有此名。

《广群芳谱》中描写剪春罗：“入夏开深红花，如钱大，凡六出，周回如翦成，茸茸可爱，结实大如豆，内有细子。人家多种之盆盎中，每盆数株，竖小竹苇缚作圆架如筒，花附其上，开如火树，亦雅玩也。”

古人认为剪春罗的花瓣是大自然的杰作。所以剪春罗多隐喻容颜美丽的少女。这一系列的花还有剪秋罗，又名剪秋纱、汉宫秋。剪春罗为橙红色，而剪秋罗颜色较深，为深红色。

剪春罗花期为 6 月至 7 月，分布于我国江苏、浙江、江西、湖北、贵州、云南和四川，以及长江流域以南的其他省。

晓出净慈寺送林子方

宋　杨万里

毕竟西湖六月中，
风光不与四时同。
接天莲叶无穷碧，
映日荷花别样红。

荷花

荷花，又称莲花、芙蕖、水芙蓉。《花镜》中对荷花各个部分的名字都有明确的阐述：“荷花，总名芙蕖，一名水芝。其蕊曰菡萏（hàn dàn），结实曰莲房，子曰莲子，叶曰蕸（xiá），其根曰藕。”

荷花在我国有三千多年的历史，深受文人墨客的喜爱。《诗经·郑风·山有扶苏》中就有“山有扶苏，隰（xí）有荷华”；《楚辞·九歌·湘君》中有“采薜（bì）荔兮水中，搴（qiān）芙蓉兮木末”；周敦颐《爱莲说》中的“出淤泥而不染，濯清涟而不妖”，更是咏颂荷花的千古名句。

荷花花姿优雅，不染、不妖、不蔓、不枝，象征着品行高洁。又因为“荷”与“和”同音，荷花被赋予祥和、和为贵的美好寓意。比如八仙中的何仙姑，貌美又姓何，手执荷花为法器，象征祥和吉利。莲、荷、藕常常作为结婚祝福出现。“莲”同“连”，寓意连理恩爱。“荷”同“和”“合”，寓意夫妻和睦，百年好合。“莲子”同“连子”，寓意多子多孙，连生贵子。“藕”同“偶”，寓意佳偶天成。

李渔在《闲情偶寄》中谈荷花：“是芙蕖也者，无一时一刻不适耳目之观，无一物一丝不备家常之用者也。有五谷之实而不有其名，兼百花之长而各去其短。种植之利，有大于此者乎？”意思是荷花一身都是宝，每时每刻都端庄美丽，让人耳目一新，没有别的植物可与之相比。

荷花花期为6月至9月，原产亚洲热带和温带地区，现在我国大部分地区都有分布。

西洋菊

清 屈大均

枝枝花上花，莲菊互相变。
惟有西洋人，朝朝海头见。

西番莲

西番莲，又叫转心莲、西洋菊。其花朵奇特，花形层层叠叠，如重楼宝塔，整体如莲又似菊。花冠外围多密集的花丝，花药能转动，所以叫转心莲。

《植物名实图考》引《南越笔记》记载西番莲："西番莲，其种来自西洋，蔓细如丝，朱色缭绕篱间。花初开如黄白莲，十余出，久之十余出者皆落，其蕊复变而为菊，瓣为莲而蕊为菊，以莲始而以菊终，故又名西洋菊。"

张岱在《陶庵梦忆》里《梅花书屋》一文中描写："梅根种西番莲，缠绕如缨络。窗外竹棚，密宝襄盖之。"形容西番莲蔓生缠绕，如璎珞般美丽。

西番莲还是一种古代纹样，又称"番莲纹"。这种纹样流行于明清时期，其花纹多以缠枝、折枝形式出现，象征连绵不绝，有官员清正廉洁、妇女洁身自好之意，所以在明清家具、瓷器上应用极广。

西番莲的果实可以加工成果汁，紫果西番莲就是我们常吃的百香果。西番莲的花期为 5 月至 7 月，原产自巴西，栽培于我国广西、江西、四川、云南等地。

凌霄花

宋 陆游

庭中青松四无邻，
凌霄百尺依松身。
高花风堕赤玉盏，
老蔓烟湿苍龙鳞。
古来豪杰人少知，
昂霄耸壑宁自期。
抱才委地固多矣，
令我抚事心伤悲。

凌霄花

凌霄花，又叫紫葳、倒挂金钟。名为凌霄花，是因其能开在最高处，有直上云霄之意。古人称之为苕。《尔雅》中记载：“苕，陵苕。”《诗经·小雅·苕之华》中的“苕之华，芸其黄矣”，说的就是凌霄花开橙黄色的花。

《广群芳谱》中描写凌霄花：“开花一支十余朵，大如牵牛，花头开五瓣，赭黄色，有数点，夏中乃盈，深秋更赤。”凌霄花初开时为黄橙色，至深秋颜色变红，青枝柔蔓，娇艳娉婷。

凌霄花是一种性格倔强、坚韧不拔的花，多用来比喻人志存高远。越是炎热的夏季，凌霄花越能够迎着太阳，不停地向上攀爬生长。李渔在《闲情偶寄》中赞美凌霄花：“藤花之可敬者，莫若凌霄。然望之如天际真人，卒急不能招致，是可敬亦可恨也。欲得此花，必先蓄奇石古木以待，不则无所依附而不生，生亦不大。”他将凌霄花比喻成天上的仙人，想要让其依附生长，必须准备好奇石古木。

凌霄花花期为 5 月至 10 月，主要分布于长江流域各地，以及我国河北、山东、河南、福建、广东、广西、陕西等省。

牵牛花

宋 秦观

银汉初移漏欲残，步虚人倚玉阑干。
仙衣染得天边碧，乞与人间向晓看。

牵牛花

牵牛花，又名喇叭花。其花形酷似喇叭，依附旁物攀爬，不停向上生长。《花镜》中描写牵牛花："三月生苗，即成藤蔓。或绕篱墙，或附木上，长二三丈许，叶有三尖如枫叶。七月生花，不作瓣，白者紫花，黑者碧色花，结实外有白皮，裹作毬。"

关于牵牛花名字的来历，《本草纲目》中引用了南北朝时陶弘景的解释："此药始出田野人牵牛谢药，故以名之。"意思是一位农民为了答谢大夫用药有方，特意牵了头牛作为谢礼，所用的药正是牵牛花，因此而得名。

因为牵牛花夏季开得最盛，恰逢七夕节，所以古人认为牵牛花乃牵牛星（即牛郎星）的化身。多以此花比喻每年七夕牛郎织女相会，是思念与爱情的象征。比如林逋山有《牵牛花》诗："圆似流钱碧剪纱，墙头藤蔓自交加。天孙摘下相思泪，长向秋深结此花。"秦观则写《牵牛花》："银汉初移漏欲残，步虚人倚玉阑干。仙衣染得天边碧，乞与人间向晓看。"

牵牛花花期为 6 月至 10 月，在我国大部分地区都有分布。

蜀葵

宋　杨巽斋

红白青黄弄浅深，
旋分幢列自成阴。
但疑承露矜殊色，
谁识倾阳无二心。

蜀葵

蜀葵，又名戎葵、卫足葵、一丈红。因为原产于四川，所以叫蜀葵。又因可高达丈许，花多为红色，所以叫一丈红。

《花镜》中记载：“蜀葵，阳草也，一名戎葵，一名卫足葵。言其倾叶向日，不令照其根也。来自西蜀，今皆有之。叶似桐，大而尖。花似木槿而大，从根至顶，次第开出。”

古代的葵一般多指蜀葵，而非常说的向日葵。向日葵又名西番葵，是明代时才从北美洲引入我国的。《群芳谱》里描写蜀葵：“天有十日，葵与终始，故葵从癸。能自卫其足，又名卫足。”意思是说天干纪日，甲数到十，正好是癸。而蜀葵始终都倾向太阳，葵叶可以阻挡阳光，保护自己的根部不被晒伤。所以葵字，就是“草”和“癸”的组合。

《松窗梦语》中描写：“蜀葵花草干高挺，而花舒向日，有赤茎、白茎，有深红、有浅红，紫者深如墨，白者微蜜色，而丹心则一，故恒比于忠赤。”蜀葵高大挺拔，色彩艳丽，具有向阳卫足的特性，所以有赤诚忠心、忠诚守卫的寓意。

蜀葵的花期很长，老花还没开完，新花就已经绽放。岑参曾写过一首《蜀葵花歌》，感叹要珍惜青春：“昨日一花开，今日一花开。今日花正好，昨日花已老。始知人老不如花，可惜落花君莫扫。人生不得长少年，莫惜床头沽酒钱。请君有钱向酒家，君不见，蜀葵花。”

蜀葵花期为 2 月至 8 月，在我国分布很广，华东、华中、华北、华南地区均有分布。

菩萨蛮

宋　晏殊

秋花最是黄葵好。天然嫩态迎秋早。染得道家衣，淡妆梳洗时。

晓来清露滴，一一金杯侧。插向绿云鬓，便随王母仙。

黄蜀葵

黄蜀葵，又名秋葵、侧金盏。植株修长而挺立，淡黄色的花瓣，花朵大而柔美。

《群芳谱》中描写黄蜀葵："高六七尺，黄花、绿叶、檀蒂、白心，叶如芙蓉，有五尖，如人爪，形狭而多缺。六月放，花大如碗，淡黄色，六瓣而侧，雅淡堪观，朝开、午收。"

平常古代女子是不戴冠的，只有女道士戴冠，而唐代的女道士皆戴黄冠。黄蜀葵的色彩和形态很像唐代女道士的道冠，所以人们常将其比喻为道家装束的佳人，安静淡雅，多给人以遗世独立、仙风道骨的印象。

李涉的《黄葵花》就写："此花莫遣俗人看，新染鹅黄色未干。好逐秋风上天去，紫阳宫女要头冠。"晏殊的《菩萨蛮》里也写："秋花最是黄葵好。天然嫩态迎秋早。染得道家衣，淡妆梳洗时。晓来清露滴，一一金杯侧。插向绿云鬓，便随王母仙。"他将黄蜀葵喻为风姿绰约的女道士，可以随王母娘娘去修仙了。

黄蜀葵花期为6月至8月，产于我国河北、山东、河南、陕西、湖北、湖南、四川、贵州、云南、广西、广东和福建等省区。

幽居

宋 陆游

旌节庭下葵，鼓吹池中蛙。
坐令灌园公，忽作富贵家。

锦葵

锦葵，又名荆葵、钱葵、旌节葵。开紫红色花朵，红紫如锦，美丽动人，由此得名锦葵。

最早古人称之为荍（qiáo）。《诗经·陈风·东门之枌》中就有记载："视尔如荍，贻我握椒。"这里的荍指的就是锦葵。意思是说姑娘粉红的笑脸好像锦葵花一样美丽，她高兴地赠给小伙一捧花椒。花椒多籽，有多子多福的寓意，因此先秦时男女用花椒来定情。

锦葵相比蜀葵等其他葵类花朵较小，逐节开花，所以又叫旌节葵。《群芳谱》中形容锦葵："花小如钱，文采可观。"《花镜》中则评价锦葵："花缀于枝，单瓣，小如钱，色粉红，上有紫缕纹，开最繁而久。绿肥红瘦之际，不可无此丽质点染也。"

锦葵花期为 5 月至 10 月，在我国南自广东、广西，北至内蒙古、辽宁，东起台湾，西至新疆和西南各省区，均有分布。

槿花

唐 李商隐

风露凄凄秋景繁，
可怜荣落在朝昏。
未央宫里三千女，
但保红颜莫保恩。

木槿

木槿，又名木棉、荆条、朝开暮落花。木槿花色艳丽，婀娜多姿，但是花期很短，早上开花，傍晚即凋，朝开暮落，仅荣一瞬。

古人称木槿为舜。最早在《诗经·郑风·有女同车》就有：“有女同车，颜如舜华”“与女同行，颜如舜英”。这里的“舜华”和“舜英”指的都是木槿。舜，即瞬，花开一瞬间之意。

木槿盛开时节主要在仲夏。《礼记·月令》中记载：“鹿角解，蝉始鸣。半夏生，木堇荣。”《群芳谱》中描写木槿：“花小而艳，大如蜀葵，五出，中蕊一条，出花外，上缀金屑。一树之上，日开数百朵，有深红、粉红、白色、单叶、千叶之殊，朝开暮落，自仲夏至仲冬，开花不绝。”

木槿虽然美丽但易凋，所以古人关于木槿的诗词多感叹韶华易逝、红颜易老。唐代刘庭琦在《咏木槿树题武进文明府厅》中写：“物情良可见，人事不胜悲。莫恃朝荣好，君看暮落时。”李商隐在《槿花》里写：“风露凄凄秋景繁，可怜荣落在朝昏。未央宫里三千女，但保红颜莫保恩。”说的都是木槿朝开美丽，却迟暮落寞。

木槿花期为 7 月至 10 月，在我国台湾、福建、广东、广西、云南、贵州、四川、湖南、湖北、安徽、江西、浙江、江苏、山东、河北、河南、陕西等省区，均有栽培。

绣球花

明 谢榛

高枝带雨压雕阑，
一蒂千花白玉团。
怪杀芳心春历乱，
卷帘谁向月中看。

绣球

绣球，又名八仙花。因为形似古代女子抛的绣球而得名。绣球一蒂八蕊，簇成一朵，所以也叫八仙花。《广群芳谱》中记载绣球："春月开，花五瓣，百花成朵，团圞（luán）如球，其球满树，花有红、白二种。"

绣球与八仙的渊源还有一则民间传说。相传东海龙太子觊觎何仙姑美貌，在八仙赴王母娘娘蟠桃会途中兴风作浪，趁乱把何仙姑抢回了龙宫。其他七仙大怒，拿出法器各显神通，大闹东海。这一举动惊动了东海龙王，龙王探明真相后，亲自将何仙姑送出来，并向八仙赔罪，献绣球花表示歉意。八仙见此花花团锦簇，不同凡响，便把它带回栽种。

八仙在民间是喜庆团圆的象征，所以绣球也沾染了仙气，象征美满团圆，一团和气。绣球纹样在瓷器、丝织品、金银器、木雕等古代工艺品中也经常出现，其花形优美，寓意吉祥。

绣球花期为 6 月至 8 月，主要分布于我国山东、江苏、安徽、浙江、福建、河南、湖北、湖南、广西、四川、贵州、云南，广东及其沿海岛屿等地。

咏鸡冠花

明 解缙

鸡冠本是胭脂染，今日为何浅淡妆？
只为五更贪报晓，至今戴却满头霜。

鸡冠花

鸡冠花，又称鸡髻花、老来红、芦花鸡冠、笔鸡冠等，佛书称其为波罗奢花，据传是唐朝时随佛教一起进入我国的。因为像公鸡头顶上殷红的鸡冠而得名。《花镜》中描写鸡冠花："而花可大如盘。有红、紫、黄、白、豆绿五色，又有鸳鸯二色者，又有紫、白、粉红三色者，皆宛如鸡冠之状。"

古代民间视鸡冠花为吉祥富贵之花。鸡冠花常常作为画鸡时的配景，都取"鸡"同"吉"之意，预示官（冠）上加官（冠），步步高升。

在古代中元节，用鸡冠花供奉祖先是一种习俗，人们要先洗手，才能把鸡冠花摆上供桌，以示对祖先的敬畏，所以鸡冠花又叫"洗手花"。宋代时鸡冠花供祖风靡京城。《东京梦华录》中记载："又卖鸡冠花，谓之'洗手花'；十五日供养祖先素食，才明即卖穄（jì）米饭，巡门叫卖，亦告成意也。"《枫窗小牍》中也记载："鸡冠花，汴中谓之洗手花，中元节则儿童唱卖以供祖先。"

还有一则关于鸡冠花的故事。有一天，明代大才子解缙在朱棣身边侍奉，朱棣出题考他咏鸡冠花。谢缙刚咏出第一句"鸡冠本是胭脂染"，朱棣突然从袖子里抽出一支白色鸡冠花。解缙话锋一转吟道："今日如何浅淡妆？只为五更贪报晓，至今戴却满头霜。"闻言，朱棣连连拍手称绝。

鸡冠花花期为 7 月至 9 月，原产自印度以及非洲和美洲热带地区，在我国大部分地区均有栽种。

凤仙花

唐 吴仁璧

香红嫩绿正开时，冷蝶饥蜂两不知。
此际最宜何处看，朝阳初上碧梧枝。

凤仙

凤仙，又名金凤花。关于凤仙的名字，《广群芳谱》中有记载：“椏间开花，头翅尾足俱翘然如凤状，故又有金凤之名。”《花镜》中也描写：“叶似桃而有锯齿，茎大如指，中空而脆。花形宛如飞凤，头、翅、尾、足俱全，故名金凤。”

民间更常叫凤仙为指甲花。《本草纲目》中记载：“女人采其花及叶包染指甲。”古人采凤仙花，用凤仙花的汁液浸染在指甲上，用丝帛包裹，慢慢等上一夜，就会发现指甲变成淡红色，再重复浸染多次，颜色就变得鲜艳饱满，并且数月不褪。

五代十国时，偏安江浙的吴越王钱镠（liú）招募名士吴仁璧。吴仁璧清高，钱镠几次三番邀约他都不肯屈从。吴越王大怒，将其沉入钱塘江。这一举动让吴越王在江浙大失人心。吴仁璧曾写下《凤仙花》明志：“香红嫩绿正开时，冷蝶饥蜂两不知。此际最宜何处看，朝阳初上碧梧枝。”因为凤仙花姿翘然，宛如要羽化登仙的凤凰，孤傲高洁。吴仁璧借此花意指自己就像凤凰，非梧桐枝不栖。吴仁璧死后，吴越王深有悔意，却为时晚矣。

凤仙花期为 7 月至 10 月，原产自我国和印度，在我国南北方皆有栽种。

紫薇花

唐 白居易

丝纶阁下文书静，
钟鼓楼中刻漏长。
独坐黄昏谁是伴，
紫薇花对紫微郎。

紫薇

紫薇，又名百日红、痒痒树。紫薇花期百日长，花色烂熳娇艳。最大的特点就是其树干光滑无皮，像人一样怕“挠痒痒”，用手轻轻摇动，便会花枝乱颤，活泼有趣。

《群芳谱》中描写紫薇：“一枝数颖，一颖数花。每微风至，妖娇颤动，舞燕惊鸿，未足为喻。人以手爪其肤，彻顶动摇，故名怕痒。四五月始花，开谢接续，可至八九月，故又名百日红。省中多植此花，取其耐久且烂熳可爱也。”

民间传说紫薇乃天上紫微星下凡，象征尊贵福照，官禄运旺盛，有“贵人花”之说。《群芳谱》里说的“省中多植此花”，指的是唐代中书省。唐开元年间，取天文紫微垣（天帝居住的地方）之义，改中书省为紫微省，中书令为紫微令，中书舍人为紫微舍人，于省中遍植紫薇，所以有紫薇省之称。

由此也引出白居易著名的一首《紫薇花》：“丝纶阁下文书静，钟鼓楼中刻漏长。独坐黄昏谁是伴，紫薇花对紫微郎。”白居易做过中书舍人，“紫薇花对紫微郎”说的正是他自己，可谓一语双关。

紫薇花期为6月至9月，在我国广东、广西、湖南、福建、江西、浙江、江苏、湖北、河南、河北、山东、安徽、陕西、四川、云南、贵州及吉林均有生长或栽培。

忆王孙·金丝桃

明 高濂

为惜春风去渺茫。
不堪回首忆刘郎。
慢栽金缕作衣裳。
剩残妆。
吐出丝丝惹恨长。

金丝桃

金丝桃，又名土连翘。金丝桃的名字形象生动，其冠如桃花，花色金黄，花蕊灿若细细金丝探出。

《花镜》中描写金丝桃："花似桃而大，其色更赪（chēng）。中茎纯紫，心吐黄须，铺散花外，俨若金丝。"

《广群芳谱》中记载："金丝桃，南中多有之，塞外遍地丛生。六、七月花开尤为绚烂。花五瓣如桃而长，色鹅黄、心微绿，茎起处一苞有绿盘，盘出五花。开则五花俱开如黄金然。"

虽然花开时一片金黄，鲜明夺目，但是金丝桃多作为配角，种植于玉兰、海棠、丁香等树下。金丝桃开花时间只有十来天，金丝万缕在夏季经历风吹雨打，犹如女子缕缕思念，充满忧伤。高濂在《忆王孙·金丝桃》中描写："为惜春风去渺茫。不堪回首忆刘郎。慢裁金缕作衣裳。剩残妆。吐出丝丝惹恨长。"

金丝桃花期为 6 月至 7 月，分布于我国河北、陕西、山东、江苏、安徽、江西、福建、台湾、河南、湖北、湖南、广东、广西、四川、贵州、云南等地。

春日

宋 秦观

一夕轻雷落万丝，霁光浮瓦碧参差。
有情芍药含春泪，无力蔷薇卧晓枝。

蔷薇

蔷薇，又名刺红、买笑花，在我国有两千多年的历史。其花色艳丽，攀缘在篱笆上，韵雅态娇，人们多以蔷薇形容佳人娇媚，温柔多情。

《花镜》描写蔷薇："藤本，青茎多刺，宜结屏种。花有五色，达春接夏而开，叶尖小而繁，经冬不大落，一枝开五六朵。"

《群芳谱》中记载了蔷薇被叫"买笑花"的典故："武帝与丽娟看花时，蔷薇始开，态若含笑，帝曰：'此花绝胜佳人笑也。'丽娟戏曰：'笑可买乎？'帝曰：'可。'丽娟奉黄金百斤，为买笑钱。蔷薇名买笑，自丽娟始。"意思是说汉武帝和心爱的宫女丽娟赏花，汉武帝觉得蔷薇比美人的笑容还好看，于是丽娟取百斤黄金作为买笑钱，可见蔷薇的美丽。

蔷薇颜色种类繁多，可以结屏，迤逦多姿，轻柔缠绵。李渔在《闲情偶寄》里也评价蔷薇："结屏之花，蔷薇居首。其可爱者，则在富于种而不一其色。"

蔷薇花期一般为4月至9月，主要分布于我国江苏、山东、河南等省，喜生于路旁、田边或丘陵地的灌木丛中。

野蔷薇

宋　杨万里

红残绿暗已多时，
路上山花也则稀。
藞苴余春还子细，
燕脂浓抹野蔷薇。

野蔷薇

野蔷薇，又名野客。似蔷薇而花略小，花冠五瓣，在村野路边随处可见其身影。它的蔓藤上长满短小的刺，小小的花却有着倔强的个性，生命力极强。

《花镜》中记载野蔷薇："叶细而花小，其本多刺，蔓生篱落间。花有纯白、粉红二色，皆单瓣，不甚可观，但最香甜，似玫瑰，多取蒸作露，采含蕊拌茶亦佳。"

野蔷薇气味香甜，在古代是备受推崇的天然香料。《广群芳谱》中有记载蔷薇露："洒衣，经岁其香不歇，能疗人心疾，不独调粉为妇人面饰而已。"可见古人很早就开始研究将野蔷薇蒸馏制成花露，其可饮用，或喷在衣服上、护理头发、调制脂粉等。

野蔷薇花期为 5 月至 6 月，分布于我国华北、华中、华东、华南及西南地区，主产黄河流域以南各省区的平原和低山丘陵，品种甚多。

戏题十姊妹花

明 袁宏道

缬屏缘屋引成行，浅白深朱别样装。
却笑姑娘无意绪，只将红粉闹儿郎。

十姊妹

十姊妹，又名七姊妹。花似蔷薇而小，一蓓有十花左右，因此得名。盛开时娇痴篱落间，远看锦绣一片，十分壮观。

《花镜》中记载："花似蔷薇而小，千叶磬口，一蓓十花或七花，故有此二名。色有红、白、紫、淡紫四样。"

袁宏道有《戏题十姊妹花》："缬屏缘屋引成行，浅白深朱别样装。却笑姑娘无意绪，只将红粉闹儿郎。"彭孙贻也有咏《十姊妹》："连理同根并一身，谁教独立诧佳人。相当五五双成艳，共压茸茸九女春。"都是描写十姊妹枝头闹春、生机勃勃的样子。

十姊妹花期为 5 月至 7 月，各地均有栽培，主要适生于长江以北黄河流域。

红玫瑰

宋 杨万里

非关月季姓名同，不与蔷薇谱谍通。
接叶连枝千万绿，一花两色浅深红。
风流各自燕支格，雨露何私造化功。
别有国香收不得，诗人熏入水沉中。

玫瑰

玫瑰，又名徘徊花。玫瑰名字的由来在《说文解字》中有解释：“玫，石之美者；瑰，珠圆好者。”所以在早期的典籍中，玫瑰是玉石或宝珠的名字，形容事物圆润美好的样子，后来演变成对这种花的美好赞誉。

《花镜》中记载玫瑰：“处处有之，惟江南独盛。其木多刺，花类蔷薇而色紫，香腻馥郁，愈干愈烈。”因为玫瑰芳香袅袅不绝，可引人徘徊悱恻，所以得名“徘徊花”。

因为玫瑰茎上布满刺，而且既耐寒又抗旱，性格坚韧，所以古人以刺客称之，形容玫瑰是有侠客之风的豪者。玫瑰作为爱情的象征完全是由西方传来的，我国古代并没有此意。

《广群芳谱》中描写玫瑰：“灌生，细叶，多刺，类蔷薇，茎短，花亦类蔷薇，色淡紫，青橐（tuó），黄蕊，瓣末白，娇艳芬馥，有香有色。堪入茶、入酒、入蜜。”意思是说玫瑰不仅花姿姣好，还是经济价值很高的花卉，可以入茶、入酒、入蜜，并且是很好的香料。

玫瑰花期为 5 月至 6 月，在我国分布于北京、江西、四川、云南、青海、陕西、湖北、新疆、湖南、河北、山东、广东、辽宁、江苏、甘肃、内蒙古、河南、山西、安徽和宁夏等地。

月季

宋 苏轼

花落花开无间断，春来春去不相关。
牡丹最贵惟春晚，芍药虽繁只夏初。
惟有此花开不厌，一年长占四时春。

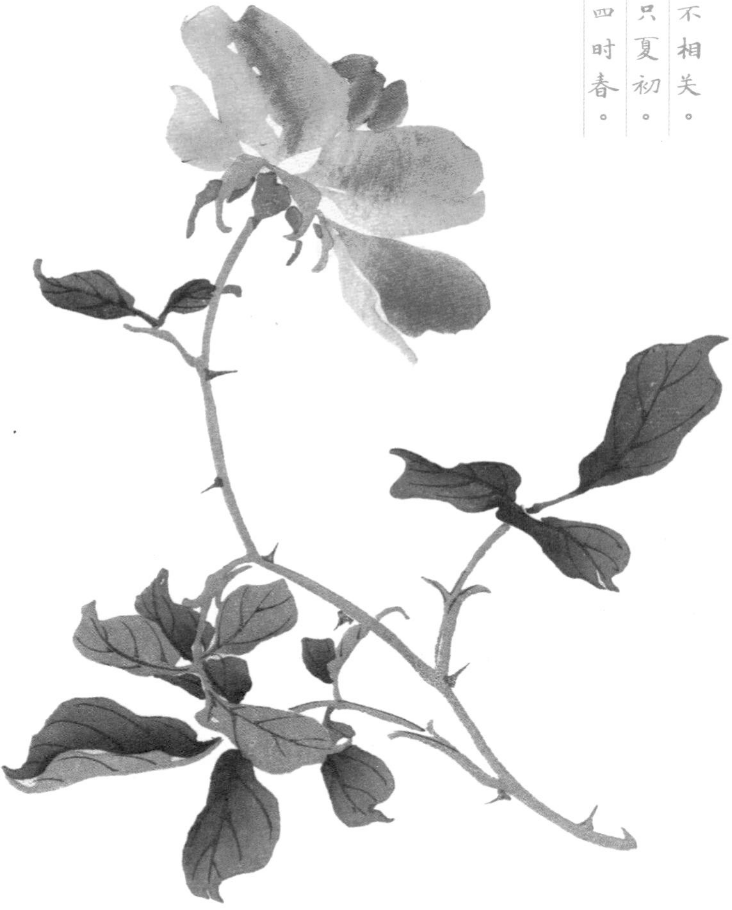

月季

月季，又名长春花、月月红。《花镜》中描写月季："藤本丛生，枝干多刺而不甚长。四季开红花，有深、浅、白之异，与蔷薇相类，而香尤过之。"

《益部方物略记》中记载月季："花亘四时，月一披秀，寒暑不改，似固常守。右月季花［此花即东方所谓四季花者，翠蔓红蘤（huā）。蜀少霜雪，此花得终岁，十二月辄一开。］"意思是说月季每个月都可以开花，一年四季，花亘四时，所以叫长春花。

月季四季接续开放，李渔在《闲情偶记》称之为"断续花"："花之断而能续，续而复能断者，只有此种。因其所开不繁，留为可继，故能绵邈若此。"

月季艳丽秀美，四时常开，花香悠远，生命力顽强，多代表四季长春、乐观向上之意。在古代的绘画、瓷器及织物上，我们经常能见到月季与其他花鸟的组合。月季与牡丹，寓意"富贵长春"；月季与白头鸟，寓意"长春白头"；花瓶上插满月季，寓意"四季平安"。

月季花期为4月至9月，在我国主要分布于湖北、四川和甘肃等省的山区，尤以上海、南京、常州、天津、郑州和北京等市种植最多。

北窗偶题

宋　陆游

尔丛香百合，一架粉长春。
堪笑龟堂老，欢然不记贫。

百合

百合，素有“云裳仙子”之称。其花朵洁白如玉，馥郁芬芳，花瓣一片一片紧紧地抱在一起，状如白莲花，亲密不分离。

《尔雅翼》里记载：“根小者如大蒜，大者如椀（wǎn），数十片相累，状如白莲花，故名百合，言百片合成也。”民间根据百合的名字，赋予了其百年好合、百事合意之意。

南北朝时梁宣帝萧詧（chá）不经意间发现百合极具观赏性，曾写下《咏百合诗》：“接叶有多种，开花无异色。含露或低垂，从风时偃抑。甘菊愧仙方，藂（cóng）兰谢芳馥。”赞美百合超凡脱俗、清新高雅的气质。

陆游晚年也曾经在堂前亲植数株百合。他在《北窗偶题》写：“尔丛香百合，一架粉长春。堪笑龟堂老，欢然不记贫。”他在《窗前作小土山蓺兰及玉簪最后得香百合并种之》写：“方兰移取遍中林，余地何妨种玉簪。更乞两丛香百合，老翁七十尚童心。”可见陆游晚年生活安逸，种百合怡情，童心未泯。

百合花期一般为4月至7月，主要产于湖南、四川、河南、江苏、浙江，全国各地均有种植。

卷丹花

明 祁顺

山城地僻嘉卉悭，
居人植花多卷丹。
何年分种入官舍，
占断地位殊宽闲。
蔷薇一架伴幽独，
亦有中黄数株菊。
只兹便可结三友，
奚但清松与梅竹。

卷丹

卷丹，又名虎皮百合、倒垂莲、药百合。其花瓣向外翻卷，花色火红，花瓣上有紫黑色的斑纹，与老虎身上的花纹非常相似。相较于百合的清雅，卷丹显得更为霸气热烈，有“百合之冠”的美称。

《植物名实图考》中记载：“卷丹，叶大如柳叶，四向攒枝而上，其颠开红黄花，斑点星星，四垂向下，花心有檀色长蕊，枝叶间生黑子，根如百合。”

《本草纲目》中则详细区分了百合、山丹和卷丹的区别：“叶短而阔，微似竹叶，白花四垂者，百合也。叶长而狭，尖如柳叶，红花，不四垂者，山丹也。茎叶似山丹而高，红花带黄而四垂，上有黑斑点，其子先结在枝叶间者，卷丹也。”

因为卷丹花大色艳，花瓣垂下并有密集的斑纹，特点鲜明独特，所以在明清花鸟绘画中非常常见。

卷丹的花期为7月至8月，主要分布于我国江苏、浙江、安徽、江西、湖南、湖北、广西、四川、青海、西藏、甘肃、陕西、山西、河南、河北、山东和吉林等省区。

咏怀 其四十五

三国 阮籍

幽兰不可佩，朱草为谁荣。
修竹隐山阴，射干临增城。
葛藟延幽谷，绵绵瓜瓞生。
乐极消灵神，哀深伤人情。
竟知忧无益，岂若归太清。

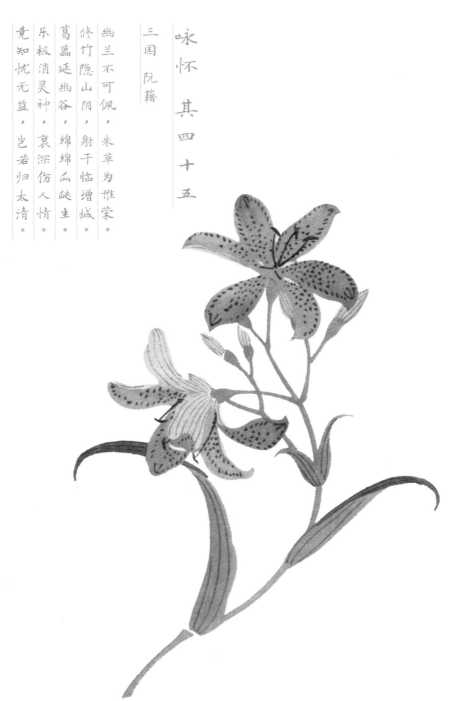

射干

射干（yè gān），又名扁竹花。高洁之草，花形飘逸，生长在山巅上。《荀子 · 劝学篇》中写：“西方有木焉，名曰射干，茎长四寸，生于高山之上，而临百仞之渊，木茎非能长也，所立者然也。”

为什么叫射干这个名字，在《本草纲目》中有记载：“颂曰：射干之形，茎梗疏长，正如射之长竿之状，得名由此尔。”意思是说宋代的苏颂认为射干的身形，如同古代负责射仪（周代军队的射箭仪式）的射人手中的长竿，因而得名。和汉代官职仆射一样，射字在古代官职时被读作“夜”。

“竹林七贤”之一的阮籍特别钟爱射干。传闻司马昭欣赏阮籍才华，欲拉拢阮籍，与其结为亲家。阮籍终日喝得酩酊大醉，躲避亲事。后来司马昭派心腹钟会前去游说，钟会假意求诗，阮籍吟道：“朝登洪坡颠，日夕望西山。荆棘被原野，群鸟飞翩翩。鸾鷖（yī）时栖宿，性命有自然。建木谁能近，射干复婵娟。不见林中葛，延蔓相勾连。”钟会悻悻而归，门客问之，钟会答：“阮籍这是将他自己比作清高的射干，却将我等比作相互勾结的蔓藤！”司马昭自此也放弃了招募阮籍。阮籍还在多首诗中提及了射干，以射干隐喻自己志存高远，不愿流于俗世的态度。后世多效仿，将射干视为颇具君子风范的奇花异草。

射干花期为 6 月至 8 月，主要产于我国吉林、辽宁、河北、山西、山东、河南、安徽、江苏、浙江、福建、台湾、湖北、湖南、江西、广东、广西、陕西、甘肃、四川、贵州、云南、西藏等地。

游子

唐 孟郊

萱草生堂阶，游子行天涯。
慈亲倚堂门，不见萱草花。

萱草

萱草，又称忘忧草，在我国有两千多年的历史。萱草花色橙黄明丽，能令人身心愉悦，解除烦恼忧思。《博物志》中写：“萱草，食之令人好欢乐，忘忧思，故曰忘忧草。”

《诗经 · 卫风 · 伯兮》里写 ：“焉得谖（xuān）草，言树之背。”朱熹注 ：“谖草，令人忘忧；背，北堂也。”意思是说萱草要种在母亲住的北堂前，母亲看到了萱草花，就可以减轻对儿子的思念，忘却烦忧。

唐代诗人孟郊，其代表作《游子吟》歌颂母爱，脍炙人口。孟郊年轻时无心仕途，喜欢游山玩水。在母亲的强烈要求下，他才参加科举，可屡次未中，直到 46 岁才中进士。之后孟郊又继续游山玩水，直到 51 岁那年，他才被选为江苏溧（lì）阳县尉，并于次年勉强赴任。好不容易经济条件有所好转，想要侍奉母亲，母亲却离开了人世。

孟郊一生与母亲感情深厚，《游子吟》的姊妹篇《游子》诗中写：“萱草生堂阶，游子行天涯。慈亲倚堂门，不见萱草花。”儿子远行前在堂阶下种上萱草，待到萱草花开时，母亲倚在堂门前思念儿子，泪眼婆娑已看不清萱草花。

所以，古时萱草指代母亲。母亲的居室叫萱堂，母亲的生日叫萱辰，母亲的别称叫萱亲。康乃馨作为母亲花只是后来西方的舶来品，萱草才是真正意义上的中国母亲花。

萱草花期为 5 月至 7 月，原产于我国、日本，西伯利亚和东南亚地区，现在我国南北方均有广泛栽种。

北窗

宋 王安石

病与衰期每强扶，
鸡壅桔梗亦时须。
空花根蒂难寻摘，
梦境烟尘费扫除。
耆域药囊真妄有，
轩辕经匮或元无。
北窗枕上春风暖，
漫读毗耶数卷书。

桔梗

桔梗，又名僧帽花、铃铛花。其花茎挺直，花朵多为蓝色，形如悬钟，娇而不艳。《本草纲目》中对桔梗名字的来历做出过解释："此草之根结实而梗直，故名。"因为"桔"与"结"同音，结实梗直，所以叫桔梗。

《花镜》中描写桔梗："春生苗叶，高尺余。边有齿似棣棠，相对而生。夏开花，青紫色，有似牵牛。"《植物名实图考》中记载："处处有之，三四叶攒生一处，花未开时如僧帽，开时有尖瓣，不钝，似牵牛花。"

《庄子》中有这么一段话："药也，其实堇也，桔梗也，鸡瘫也，豕（shǐ）零也，是时为帝者也，何可胜言。"意思是说乌头、桔梗、鸡壅、猪苓是上古时期的草药之王。所以桔梗入诗多是写其药用价值高。比如苏轼在《周教授索枸杞因以诗赠录呈广倅萧大夫》里写："鸡壅桔梗一称帝，堇也虽尊等臣仆。"王安石在《北窗》里写："病与衰期每强扶，鸡壅桔梗亦时须。"

桔梗适应性强，随处可见，耐寒，药用价值高，是生命力顽强坚韧的代表。朝鲜族称桔梗为"道拉基"，更有《桔梗谣》在民间传诵甚广，桔梗是不可多得的药用、食用、观赏价值兼有的珍贵花卉。

桔梗花期为 7 月至 9 月，主要产于我国东北、华北地区，全国各地均有分布。

题杨大章花卉二十四种　翠雀

清　弘历

野雀其形翼尾翘，为翔为翥任风飘。
本来自是无情物，底事相争目擘椒。

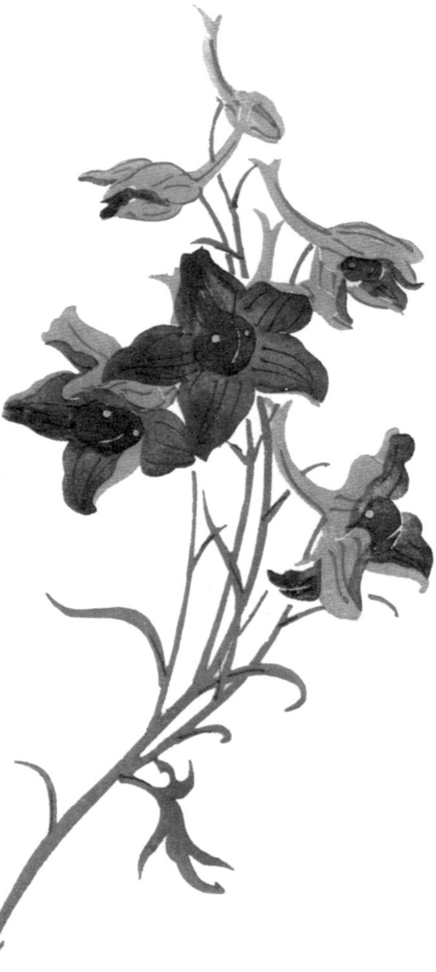

翠雀花

翠雀花，又名飞燕草。花色主要以蓝紫色为主，开花时，花朵从侧面看像一只只在天空飞翔的小鸟，象征着自由和生命活力。

春日，翠雀花宛如雀儿们落在枝头，轻盈而梦幻。《植物名实图考》里记载翠雀花："京师圃中多有之。丛生细绿茎，高三四尺，叶多花叉，如芹叶而细柔。梢端开长柄翠蓝花，横翘如雀登枝，故名。"

《广群芳谱》里也记载翠雀花："其花如雀，有身、有翼、有尾、有黄心如两目，或云即茱萸花。"

翠雀花花期为 8 月至 9 月，多生于海拔较高的高山草地，在我国主要分布于云南、山西、河北、宁夏、四川、甘肃、黑龙江、吉林、辽宁、新疆、西藏等地。

虞美人·赋虞美人草

宋 辛弃疾

当年得意如芳草，
日日春风好。
拔山力尽忽悲歌，
饮罢虞兮从此、奈君何。
人间不识精诚苦，
贪看青青舞。
蓦然敛袂却亭亭，
怕是曲中犹带、楚歌声。

虞美人

虞美人，又名丽春花、赛牡丹。其花姿妖娆摇曳，美丽动人。虞美人多为紫红色，颜色明丽。《广群芳谱》中称赞其："色泽鲜明，颇堪娱目，草花中妙品也。"

《花镜》中描写虞美人："丛生，花叶类罂粟而小，一本有数十花。茎细而有毛，一叶在茎端，两叶在茎之半，相对而生，发蕊头垂下，花开始直，单瓣丛心，五色具备，姿态葱秀。尝因风飞舞，俨如蝶翅扇动，亦花中之妙品，人多有题咏。"

民间传说虞美人乃虞姬精诚所化，所以多代表哀婉悲歌、生离死别。楚汉之争，西楚霸王项羽兵败于垓下，四面楚歌，虞姬舞剑自刎。相传虞姬死后墓上所生出的花朵就是虞美人，花朵上鲜艳的红色是由虞姬的鲜血染成的。即便化为草木，依然对霸王坚贞守候，会无风自动，似虞姬般为霸王翩翩起舞。辛弃疾专门写过《虞美人·赋虞美人草》："当年得意如芳草。日日春风好。拔山力尽忽悲歌。饮罢虞兮从此、奈君何。人间不识精诚苦。贪看青青舞。蓦然敛袂却亭亭。怕是曲中犹带、楚歌声。"

虞美人也是古代词牌名，最知名的当属李后主的《虞美人 · 春花秋月何时了》了。词如花意，以虞美人为词牌的词作多韵律美妙，曲折回旋，但心事哀婉，愁绪不展。

虞美人花期一般为 6 月至 7 月，原产欧洲，我国各地作为观赏植物常见栽培。

罂粟

宋 刘克庄

初疑邻女施朱染，
又似宫嫔剪采成。
白白红红千万朵，
不如雪外一枝横。

罂粟

罂粟，又名莺粟、米囊花、阿芙蓉。罂粟花开绚烂华美，《广群芳谱》中记载罂粟："青茎，高一二尺，叶如茼蒿。花有大红、桃红、红紫、纯紫、纯白，一种而具数色，又有千叶、单叶，一花而具二类，艳丽可玩。"

罂粟非常妖娆魅惑，其美丽不亚于牡丹和芍药。《徐霞客游记》中就曾描写："莺粟花殷红，千叶簇，朵甚巨而密，丰艳不减丹药也。"

古人之所以将之命名为罂粟，是因为花谢之后，它会结出圆球形的果实。果实成熟之后，会在顶部裂开许多小口，让种子散出。因为果实的形状像口小肚子大的容器"罂"，而里面的种子又多又小，像是"粟"（小米），由此得名。

当罂粟的果实还没有成熟时，划破之后会流出白色乳汁。乳汁干燥之后会形成黑色的凝胶状物，这就是人们深恶痛绝的鸦片。罂粟本来具有绝佳的观赏价值和药用价值，但因为鸦片，罂粟也被冠以"黑暗之花"和"罪恶之花"的恶名。

虞美人与罂粟非常相像，经常被混淆。两者最大的区别是虞美人全株有毛，而罂粟全株光滑无毛；虞美人花朵更小，多为深红色，罂粟花大色彩丰富，妖艳斑斓。

罂粟花果期为 3 月至 11 月，原产印度、缅甸、老挝，泰国北部以及南欧地区，我国只有有关药物研究单位允许栽培。

题美人蕉

明 皇甫汸

带雨红妆湿，
迎风翠袖翻。
欲知心不卷，
迟暮独无言。

美人蕉

美人蕉，又名红蕉。叶片硕大修长，花色艳红如一簇簇火焰，亭亭玉立。《花镜》中记载：“种自闽粤中来。叶瘦似芦箬（ruò），花若兰状，而色正红如榴。日拆一两叶，其端有一点鲜绿可爱，夏开至秋尽犹芳，堪作盆玩。”

佛教传说中美人蕉是由佛祖脚趾流出的血变成的。恶魔提婆达多忌妒佛祖的善行和名誉，投下滚滚巨石设计谋害。但巨石还未滚到佛祖面前，就碎成了小石块。其中一枚碎片划破佛祖的脚趾，流出的血被大地吸入，长出了艳红的美人蕉。这个说法在民间流传甚广，虽然没有相应的佐证，却在人们心中树立了美人蕉优美而又坚强的形象。

在古代，被人以美人相称的花并不多，美人蕉就位列其中。在唐以前，古人都称之为红蕉。比如李绅在《红蕉花》里写：“红蕉花样炎方识，瘴水溪边色更深。”明代皇甫汸则在《题美人蕉》里写“带雨红妆湿，迎风翠袖翻”，将美人蕉红花绿叶比喻为娇艳少女，红妆带雨，翠袖舞动。

美人蕉花期为6月至10月，原产美洲、印度、马来半岛等热带地区，现在我国南北各地均有栽培。

摘同心栀子赠谢娘因附此诗

南北朝 刘令娴

两叶虽为赠，交情永未因。
同心何处恨，栀子最关人。

栀子花

栀子花，原名卮（zhī）子，又称黄栀子。《本草纲目》中记载：“卮，酒器也。卮子象之，故名。”意思是说栀子花绽放后结出倒卵形而有棱的果实，像古代的酒杯，因而得名。

栀子花洁白玲珑，清丽可爱，是著名的同心花，六朵花瓣围绕着中间的花心形成对称，所以有“栀子同心”的说法。

古人认为花很少有六瓣，而栀子花是六瓣，外有七道棱，所以非常神奇，如同夏天的雪花。《酉阳杂俎》中记载：“栀子，诸花少六出者，唯栀子花六出。陶真白言，栀子剪花六出，刻房七道，其花香甚。”

南北朝时南朝梁的刘令娴出身官宦之家，是当时的贵族名媛。刘令娴颇具才情，喜欢吟诗。她性情率真，于栀子花开的季节，特意摘了栀子花送给闺蜜谢娘，并赋诗一首：“两叶虽为赠，交情永未因。同心何处恨，栀子最关人。”

自此人们常把栀子花和同心联系起来，象征友情心意相通、情谊长久。刘禹锡就在《和令狐相公咏栀子花》里写：“且赏同心处，那忧别叶催。”梅尧臣《植栀子树二窠十一本于松侧》里写：“同心谁可赠，为咏昔人诗。”

栀子花花期为 5 月至 7 月，主要分布在我国贵州、四川、江苏、浙江、安徽、江西、广东、广西、云南、福建、台湾、湖南、湖北等地。

奉酬圭父茉莉之作

宋 朱熹

玉蕊琅玕树，天香知见薰。
露寒清透骨，风定远含芬。
爽致销烦暑，高情谢晓云。
遥怜河朔饮，那得醉时闻。

茉莉

茉莉，又名抹利，是佛教圣花，有“天香开茉莉，梵树落菩提”一说。相传是自波斯传入，也有说是从印度传入我国。茉莉洁白无瑕，香味沁人心脾，素洁、清芬、久远，象征着忠贞、清纯和质朴。

《花镜》中记载茉莉：“东坡名曰暗麝，释名鬘（mán）华。原出波斯国，今多生于南方暖地。”《广群芳谱》里记载：“则此花入中国久矣。弱茎繁枝，叶如茶而大，绿色，团尖。夏、秋开小白花，花皆暮开，其香清婉柔淑，风味殊胜。”

古代女子多有用茉莉簪头的习俗。《群芳谱》转引《晋书》：都人簪柰（nài）花。晋时建康（今南京）引种南海奈花即茉莉，当时建康的女子都爱以茉莉簪头。李渔在《闲情偶寄》中评价茉莉：“茉莉一花，单为助妆而设，其天生以媚妇人者乎？”感叹莫非茉莉天生就是来取悦女子的？

清朝乾隆年间，江苏一首民间曲调《鲜花调》（又名《双叠翠》）广为流传。《鲜花调》就是《好一朵茉莉花》的前身，后经改编，这首民歌将茉莉花唱遍大江南北乃至海外，自此，茉莉清新淡雅的品格深入人心。

茉莉花期为 5 月至 8 月，原产印度，现于中国南方和世界各地广泛栽培。

玉簪

宋 黄庭坚

宴罢瑶池阿母家，嫩琼飞上紫云车。
玉簪堕地无人拾，化作东南第一花。

玉簪花

玉簪花，又名白玉簪。其开花洁白如玉，清新动人，花香芬芳浓郁。《广群芳谱》里描写玉簪花：“未开时，正如白玉搔头簪形，开时微绽四出，中吐黄蕊，七须环列，一须独长，甚香而清，朝开暮卷。”

《西京杂记》中记载：“武帝过李夫人，就取玉簪搔头。自此后宫人搔头皆用玉，玉价倍贵焉。”汉武帝为李夫人用玉簪搔头，后来宫女争相仿效，导致玉价上涨。玉簪未开时如白玉簪，由此而得名，所以古代妇女也常以玉簪花来簪头。

李渔在《闲情偶寄》中表达了自己对玉簪花的评价：“花之极贱而可贵者，玉簪是也。插入妇人髻中，孰真孰假，几不能辨，乃闺阁中必需之物。然留之弗摘，点缀篱间，亦似美人之遗。”玉簪花虽随处可见，看似平凡普通，却纯净美好，插入髻中竟和玉簪难分真假。让它点缀篱间，似是美人遗落之物，格外美好。

玉簪花花期为 6 月至 8 月，原产自我国和日本，分布于我国四川、湖北、湖南、江苏、安徽、浙江、福建及广东等地。

相见欢

五代 李煜

无言独上西楼，月如钩。
寂寞梧桐深院锁清秋。
剪不断，理还乱，是离愁。
别是一般滋味在心头。

梧桐花

梧桐花，花朵淡黄绿色，气味清淡。《花镜》中描写梧桐花："皮青如翠，叶缺如花，妍雅华净，新发时赏心悦目，人家轩斋多植之。四月开花嫩黄，小如枣花，坠下如醭（bú）。"

《诗经·大雅·卷阿》中写："凤凰鸣矣，于彼高冈。梧桐生矣，于彼朝阳。"古人认为凤凰是祥瑞之兆。凤凰栖梧，所以梧桐是神圣之木，连梧桐花也显得高洁优雅。

梧桐夏季开花，然后会在立秋那一日开始掉叶子，所以有"梧桐一叶落，天下尽知秋"的说法。古人多以梧桐描写悲秋惆怅，如李煜在《相见欢》里写："无言独上西楼，月如钩。寂寞梧桐深院锁清秋。"李白在《秋登宣城谢朓北楼》里写："人烟寒橘柚，秋色老梧桐。"

梧桐花花期为6月至7月，主要分布于我国江苏、浙江、甘肃、河南、陕西、广西和安徽等地。

蒲亭十咏　紫岩洞

明　彭孙贻

翠壁苍厓护洞门，更开灵境隔尘樊。
草根乳滴芝长寿，松下泉鸣鸟不喧。
虎耳生时穿石笋，山僧定处挂啼猿。
自怜物役多泥滓，深坐孤峰了化元。

虎耳草

虎耳草，又名石荷叶。其圆叶毛茸茸，看起来很像老虎的耳朵，因而得名。

《群芳谱》中记载虎耳草：“茎微赤，高二三寸，有细白毛。一茎一叶，状如荷盖，大如钱，又似初生小葵，叶如虎耳之形，面青背微红，亦有细赤毛，夏开小花，淡红色。”

虎耳草多生长在岩石的裂缝中，即便生存环境恶劣，也有着顽强的生命力，还可以入药，象征持久的耐力和坚持。

虎耳草花果期为 4 月至 11 月，产于我国陕西、江苏、安徽、浙江、江西、福建、台湾、河南、湖北、湖南、广东、广西、贵州，四川东部、甘肃东南部、云南东部和西南部以及河北小五台山。

晚香玉

清 弘历

西域传来贵似金，繁滋簇簇满墙阴。
晚幼骚客幽兰佩，闲掠佳人白玉簪。
名状标题应入疏，画图省识尚沈吟。
寻常悟得香中谛，是卉皆成薝卜林。

晚香玉

晚香玉，又名月下香。花朵为管状长花，聚生枝端。花初开时色淡黄，入夜之后吐露芳香更加浓郁，花色变化为洁白。此花以夜香取胜，迷人魅惑。康熙年间才从国外引入，由康熙赐名为晚香玉。

《清稗类钞》中记载：“晚香玉，草本之花也，京师有之。种自西洋至，西名土谧（bì）盈斯。康熙时植于上苑，圣祖爱之，锡以此名，后且及于江浙矣。六七月开，茎高三四尺，根如水仙，茎狭长，互生，阔如韭叶，软而下垂，至梢渐短，在顶别成鳞形。叶腋发花，六瓣，色白如萼，暮开朝敛，香颇烈，入夜尤馥郁，故有此称。亦谓之月下香。”

晚香玉花色如玉，香气浓郁，古代女子常将其放置到荷包里，或者簪到头发上作为发饰。

晚香玉花期为 7 月至 9 月，原产自墨西哥和南美洲，我国北方比南方栽种得多。

秋实

你好，中国花语

夹竹桃

宋　汤清伯

芳姿劲节本来同，
绿荫红妆一样浓。
我若化龙君作浪，
信知何处不相逢。

夹竹桃

夹竹桃，又名枸那。其花开时姿色艳丽，花似桃花，叶像竹叶，因此得名。

《广群芳谱》描写夹竹桃："花五瓣，长筒，瓣微尖，淡红，娇艳类桃花，叶狭长类竹，故名夹竹桃。自春及秋，逐旋继开，妩媚堪赏。"《花镜》也记载了夹竹桃："夏间开淡红花，五瓣，长筒，微尖，一朵约数十萼，至秋深犹有之。因其花似桃，叶似竹，故得是名，非真桃也。"

李渔在《闲情偶寄》中表达对夹竹桃的命名颇为不满："夹竹桃一种，花则可取，而命名不善。以竹乃有道之士，桃则佳丽之人，道不同不相为谋，合而一之，殊觉矛盾。请易其名为'生花竹'，去一'桃'字，便觉相安。"

夹竹桃生性强健，不娇气，极易成活，是品性坚韧的代表。虽然美丽观赏性强，但其根、茎、叶、花都有剧毒，甚至干枯以后焚烧的烟雾都带毒性，是真正的"只可远观不可亵玩焉"。

夹竹桃花期几乎全年，夏秋最盛，原产于印度、伊朗和尼泊尔，我国各省区都有栽培，尤以南方为多。

鸟鸣涧

唐 王维

人闲桂花落，夜静春山空。
月出惊山鸟，时鸣春涧中。

桂花

桂花，又名岩桂、木犀，在我国有两千多年的历史。桂花怒放，金黄轻盈，清香绝尘，实属人间仙品。早在《山海经》中就有桂花的记载：“南山经之首曰鹊山，其首曰招摇之山，临于西海之上，多桂，多金玉。”可见，古人种植桂花由来已久。

中秋节正是桂花开放的好时节。桂花丛丛簇簇，花色金黄淡雅，花香醉人。人们在中秋佳节阖家团圆，月下赏桂花，喝桂花酒，吃桂花糕，这是自古沿袭下来的习俗。

民间还有吴刚砍月桂树的传说。《酉阳杂俎》中有记载：“旧言月中有桂，有蟾蜍。故异书言，月桂高五百丈，下有一人常斫之，树创随合。人姓吴，名刚，西河人。学仙有过，谪令伐树。”吴刚因为在学仙中有过错，所以被罚砍月桂树。月桂树随砍即合，吴刚始终没能将之砍倒。据说只有中秋这一天他才可以在树下稍事休息。

因桂花的“桂”与“贵”同音，所以桂花寓意荣华富贵、飞黄腾达。明清时期，乡试放榜多在农历九月上旬至中旬，此间正是桂花开放季节，所以又叫“桂榜”，高中进士称为“蟾宫折桂”。因此家家户户都竞相种植桂花，期待家中学子能够“折桂”。

桂花花期为 9 月至 10 月上旬，我国四川、云南、广西、广东、湖南、湖北、江西、安徽、河南以及陕西南部等地，均有野生桂花生长，现广泛栽种于淮河流域及以南地区，其适生区北可抵黄河下游，南可至两广、海南等地。

题淮南寺

宋 程颢

南去北来休便休，
白苹吹尽楚江秋。
道人不是悲秋客，
一任晚山相对愁。

白蘋

白蘋（pín），又称白苹（萍）、水鳖。白蘋是水中浮草，多成群聚生在水中，叶片如四叶草状，开白色的小花。

白蘋的“蘋”字古时同“蘔”（pín）。“蘔”为草字头加繁体“宾”字（賓）。宾意思是“所敬也”，说明它是一种用来表示恭敬的草。先秦以前，古人认为生于水中或湿地的植物纯洁神圣，可通鬼神，所以白蘋被用于祭祀，被视为神明之草。

《左传》中记载：“苟有明信，涧溪沼沚（zhǐ）之毛，蘋蘩薀藻之菜，筐筥（jǔ）锜（qí）釜之器，潢汙（huáng wū）行潦之水，可荐于鬼神，可羞于王公。”意思是说如果有信义，山涧池塘里的草，白蘋蕨藻之类的野菜，普通的竹筐和烹饪器具，积水或流动的水，都可以供奉鬼神，献给王公为食。

《广群芳谱》中描写白蘋：“叶浮水面，根连水底，茎细于莼、荇，叶大如指顶，面青背紫，有细纹，颇似马蹄、决明之叶，四叶合成，中折十字。夏秋开小白花，故称白蘋，其叶攒簇如萍，故《尔雅》谓‘大者为蘋’也。”与常见的浮萍相比，更大一些的就是白蘋。

初秋之际，小小的白蘋成群漂在水中，随风任意漂浮，自由自在。而位于水间的汀洲，也被称作白蘋洲，是静谧安逸的地方。

白蘋花期为 8 月至 10 月，分布于我国东北地区，河北、陕西、山东、江苏、安徽、浙江、江西、福建、台湾、河南、湖北、湖南、广东、海南、广西、四川、云南等省区。

发淮安

明 杨士奇

岸蓼疏红水荇青，茨菰花白小如萍。
双鬟短袖惭人见，背立船头自采菱。

慈姑

慈姑，又称茨菰、茈菰。《本草纲目》中记载："慈姑，一根岁生十二子，如慈姑之乳诸子，故以名之。"

《花镜》中描写茈菰："叶有两歧如燕尾，又似剪。一窠花挺一枝，上开数十小白花，瓣四出而不香。生陂（bēi）池中，苗之高大，比于荷蒲。一茎有十二实，岁闰则增一实，似芋而小。"

慈姑的叶片像燕子的尾巴，开白色小花。其球茎可以食用，是南方传统食物，和莲藕、荸荠和菱角等被称为"水八仙"。

因为"一根岁生十二子"，慈姑被赋予了多子多福、母慈子孝的吉祥含义。文人视其为清雅之物，民间在岁朝清供的画中，慈姑多与瓜果、文玩出现，寓意瓜瓞绵绵、子孙富贵。

慈姑和荸荠，分别是南北方过年敬神讨吉利的象征物。老北京人过年喜欢买荸荠，取谐音是"备齐"。而上海话中慈姑的"慈"与"是"谐音。旧时祭灶都会摆上糖瓜和慈姑，糖瓜粘灶王爷的嘴巴，慈姑让灶王爷在玉皇大帝面前只会说"是是是"，希望他"上天言好事，回宫降吉祥"。

慈姑花期为 8 月至 10 月，在我国分布于长江流域及以南各省，太湖沿岸及珠江三角洲为主产区，北方有少量栽培。

寓居有感三首 其二

唐 司空图

不放残年却到家，衔杯懒更问生涯。
河堤往往人相送，一曲晴川隔蓼花。

红蓼

红蓼，又名水荭（hóng）花。早在《诗经·郑风·山有扶苏》里，红蓼就有出现，被称为游龙：“山有桥松，隰有游龙。”意为沿水而开的红蓼如燃烧的火焰般，火红一片，远远望去像一条蜿蜒的火龙，场面壮观。

《广群芳谱》中描写红蓼：“花开，蓓蕾而细，长二寸，枝枝下垂，色粉红可观，水边更多，故又名水荭花。身高者丈余，节生如竹，秋间烂熳可爱。”

红蓼高大火红，野生于水边，为古代行船相送分别之地，所以红蓼又叫“离愁之花”，多代表离别之情。所以每当初秋，人们在码头送别亲友时，看到红蓼出现在水边，像火一样热烈又扎眼，更加增添离别的情绪。

司空图在《寓居有感三首　其二》里写：“河堤往往人相送，一曲晴川隔蓼花。”李煜在《秋莺》中写：“莫更留连好归去，露华凄冷蓼花愁。”冯延巳在《芳草渡》里写：“梧桐落，蓼花秋。烟初冷，雨才收，萧条风物正堪愁。”诗词中写红蓼多是描写离愁哀怨、悲秋伤感的氛围。

红蓼花期为 6 月至 9 月，除西藏外，广布于我国各地，多为河岸或湿地成片野生。

老少年

明 唐寅

人为多愁少年老，花为无愁老少年。
年老少年都不管，且将诗酒醉花前。

老少年

老少年，又名雁来红。因为它的叶子变红时正值大雁南飞，所以有“雁来红”这个名字。秋季万物萧瑟，但老少年的叶子反而在此时更加鲜艳，基部的叶子转为深紫色，而顶叶则变得猩红如染。

老少年的美在叶而不在花。《花镜》中描写老少年：“初出似苋，其茎、叶、穗、子，与鸡冠无异。至深秋，本高六七尺，则脚叶深紫色，而顶叶大红，鲜丽可爱，愈久愈妍如花，秋色之最佳者。”

古人称雁来红为“草中仙”，怀疑它有返老还童之术。而李渔在《闲情偶寄》中称之为还童草：“予尝易其名曰‘还童草’，似觉差胜。此草中仙品也，秋阶得此，群花可废。”齐白石、吴昌硕等画家在晚年时都喜欢画老少年，表达其老当益壮。

江南四大才子之一的唐伯虎还有一首著名的《老少年》：“人为多愁少年老，花为无愁老少年。年老少年都不管，且将诗酒醉花前。”由此也引申出了一句“人不轻狂枉少年”。人在年轻时要尽情享受当下，自由肆意。人在年老时也要如老少年一样，缤纷精彩。

老少年花期一般为7月至9月，原产自亚洲热带，我国各地均有种植，多作为花坛的背景搭配。

碧蝉花

宋 翁元广

露洗芳容别种青，
墙头微弄晓风轻。
不须强入群芳社，
花谱元无汝姓名。

鸭跖草

鸭跖（zhí）草，也名淡竹叶、碧蝉花。“跖”意思是“足下也”，可以理解为鸭子脚下踩过的地方就会长出这种草来。

《花镜》中记载鸭跖草：“多生南浙，随在有之。三月生苗，高数寸，蔓延于地。紫茎竹叶，其花俨似蛾形，只二瓣，下有绿萼承之，色最青翠可爱。”

鸭跖草叶子呈剑状，形似竹叶，两片向上扬起的蓝色花瓣像振翅欲飞的碧蝉，所以又叫碧蝉花。虽然生动可爱，但鸭跖草花期非常短暂，朝生暮死，美丽转瞬即逝。

鸭跖草多作染色之用，其汁液被能工巧匠制成青蓝色颜料，应用于绘画或者制作手工艺品。《本草纲目》中就记载：“巧匠采其花，取汁作画色及彩羊皮灯，青碧如黛也。”《群芳谱》中也描写：“花用绵收之，可作画灯青、翠砂绿等色用。”

鸭跖草花期为 5 月至 9 月，多分布于长江以南地区，尤以西南地区为盛。

然明叔父以金钱花一本见贻戏占绝句

明　彭孙贻

夜落金钱昼自开，绿跗朱瓣点苍苔。
王孙多少夸金埒，不向闲阶次第栽。

夜落金钱

夜落金钱，又名午时花、子午花。每天午间开放，入夜子时花朵缤纷落地，犹如在地面遍撒金钱，由此得名“夜落金钱”。

《广群芳谱》里记载夜落金钱：“一名子午花，一名夜落金钱花，予改为金榜及第花。花秋开，黄色，朵如钱，绿叶柔枝，嬗娟可爱。《园林草木疏》云：梁大同中，进自外国，今在处有之，栽磁盆中，副以小竹架，亦书室中雅玩也。”

夜落金钱在古时是稀有的花卉，非常珍贵，因花似金钱，象征财源富贵。《花镜》里还记载：“昔鱼弘以此赌赛，谓得花胜得钱，可为好之极矣，白诗云：‘能买三秋景，难供九府输。’切当此花。”

这里提到的鱼弘以夜落金钱为赌注的故事，出自《酉阳杂俎》：“梁时，荆州掾（yuàn）属双陆，赌金钱，钱尽，以金钱花相足。鱼弘谓得花胜得钱。”说的是南北朝时，梁朝荆州的官吏们玩双陆棋赌钱。鱼弘是当时名士，他加入赌局后，觉得寻常铜钱没意思，于是让众人换金钱作为筹码豪赌。鱼弘在赌局中连连获胜，其他官吏手中金钱都已输光。于是有人想到拿此夜落金钱花当作筹码。鱼弘又将夜落金钱悉数赢走，尽兴而归，说得此奇花胜过得钱，可见夜落金钱在当时真的是身价颇高。

夜落金钱花期为 6 月至 10 月，原产自印度，我国广东、广西以及云南南部等地多有栽培。

显圣寺庭枸杞

宋 黄庭坚

仙苗寿日月，佛界承露雨。
谁为万年计，乞此一抔土。
扶疏上翠盖，磊落缀丹乳。
去家尚不食，出家何用许。
政恐落人间，采剥四时苦。
养成九节杖，持献西王母。

枸杞

枸杞，全身都是宝，根、茎、叶、花、实都可入药，有强身健体、轻身益气的功效。《尔雅》中记载："杞，枸檵（jì）。"枸檵为枸杞的古名。古人很早就开始采食枸杞。《诗经·小雅·北山》中就有记载："陟彼北山，言采其杞。"

《花镜》中描写枸杞："以其棘如枸之刺，叶如杞之条，故兼二木而名之。生于西地者高而肥，生于南方者矮而瘠。岁久本老，虬曲多致，结子红点若缀，颇堪盆玩。"虽然枸杞并非名贵花卉，但四时景观各异，春季观叶，夏季赏花，秋季观果。红色的果实喜庆又吉利，所以人们常将枸杞植于盆中赏玩。

因为枸杞有返老还童的神奇药效，是生命常青的象征，寓意不老延年。古人常称之为"天精""仙草"和"仙人杖"，道家奉之为神物，还有说瑶池金母手中的"西王母杖"就是枸杞根制成的。黄庭坚在《显圣寺庭枸杞》里写："养成九节杖，持献西王母。"苏轼《枸杞》里写："仙人倘许我，借杖扶衰疾。"民间还有杞菊延年图，画的就是菊花和枸杞，祈求福寿绵长。

枸杞花果期一般为 5 月至 10 月，宁夏枸杞在我国栽培面积最大，主要分布在西北地区。而中华枸杞分布于我国宁夏、新疆、青海、甘肃、内蒙古、黑龙江、吉林、辽宁、河北、山西、陕西，甘肃南部以及西南，华中、华南和华东各省区。

秋花

宋 杨万里

憔悴牵牛病雨些，
凋零木槿怯风斜。
道边篱落聊遮眼，
白白红红匾豆花。

扁豆花

扁豆花，即扁豆开的花。矮棚浮绿，纤蔓萦红，扁豆花是最随遇而安的植物。一篱秋色，数扁豆花最为淳朴美丽，象征着顽强的生命力和家的归属感。

《花镜》中描写扁豆花："其蔓最长，须搭高棚引上，夏月可以乘凉，不可使沿树上，树若绕蔓即枯。叶大如盃，一枝三叶，其花状似小蛾，有翅尾之形。荚生花下，累累成枝。"

扁豆花顽强的生命力和自由独立的品格深受文人的喜爱。在他们笔下，有扁豆花就有篱笆，有篱笆就有院落，有院落也就有了家。杨万里《秋花》里写："憔悴牵牛病雨些，凋零木槿怯风斜。道边篱落聊遮眼，白白红红匾豆花。"郑板桥还曾经用木板刻印了一副对联："一庭春雨瓢儿菜，满架秋风扁豆花。"

扁豆花花果期为6月至9月，我国各地均有栽培，主要分布于辽宁、河北、山西、陕西、山东、江苏、安徽、浙江、江西、福建、台湾、河南、湖北、湖南、广东、海南、广西、四川、贵州、云南等地。

铁线莲

明　彭孙贻

蕤宾为蒂锻为胎，百炼芙蕖火宅来。
似逐旌阳仙树发，轻浮海港铁莲开。
白毫叶叶光生座，素步盈盈迹印苔。
采得若耶春一线，干将抱蕊棹歌回。

铁线莲

铁线莲，又名番莲、威灵仙等。因为藤条细韧如铁线，花朵绽放如莲而得名，有“藤中皇后”之美誉。《花镜》中记载铁线莲：“叶类木香，每枝三叶对节生，一朵千瓣，先有包叶六瓣，似莲先开。内花以渐而舒，有似鹅毛菊。”

铁线莲多开白色或紫色的花，花开时饱满繁茂，攀缘能力强，生命力旺盛，象征着纯洁坚韧，常用于布置廊架绿亭、篱垣栅栏等，格外典雅别致。

此外，铁线莲的花香能净化空气、安神助眠、驱蚊避虫。铁线莲的根茎还可以入药，所以人们称之为威灵仙。《植物名实图考》里解释了威灵仙的意思：“其力劲，故谥曰威。其效捷，故谥曰灵。威灵合德，仙上之药也。”意思是说威灵仙药效猛、起效快，好似仙药一般。

铁线莲花期为6月至9月，分布于我国广东、广西、湖南、江西等地。

和陈述古拒霜花

宋 苏轼

千林扫作一番黄，
只有芙蓉独自芳。
唤作拒霜知未称，
细思却是最宜霜。

芙蓉

芙蓉，又名木芙蓉、拒霜花。芙蓉花大色丽，红艳十里，拒霜不畏严寒。《永乐大典》中解释了水芙蓉和木芙蓉的区别：“芙蓉之名二：出于水者，谓之水芙蓉，荷花是也。出于陆者，谓之木芙蓉，此花是也。”

芙蓉要种水边，倒影波光粼粼，有“照水芙蓉”之称。芙蓉还可以染色，相传薛涛就是用浣花溪的水、木芙蓉的皮和芙蓉花的汁制成的薛涛笺。《天工开物》中有记载：“四川薛涛笺，亦芙蓉皮为料煮糜，入芙蓉花末汁。或当时薛涛所指，遂留名至今。其美在色，不在质料也。”

五代十国时，后蜀皇帝孟昶（chǎng）的爱妃花蕊夫人有倾国倾城之貌，且颇具才情。相传花蕊夫人特别喜爱芙蓉，为讨她的欢心，孟昶命人在境内遍植芙蓉。每到深秋，孟昶便携花蕊夫人登城楼观赏芙蓉花。芙蓉盛开，四十里如锦绣，孟昶向群臣感叹：“自古以蜀为锦城，今日观之，真锦城也。”自此成都有了“芙蓉城”，即“蓉城”的美称。

芙蓉能拒霜，古代文人墨客很喜欢芙蓉孤傲绝美的气韵。王象晋在《群芳谱》中评价芙蓉是平静等待命运的君子：“此花清姿雅质，独殿众芳，秋江寂寞，不怨东风，可称俟命之君子矣。”而因为“蓉”与“荣”同音，民间则喜欢芙蓉吉祥的寓意。芙蓉常与牡丹一起出现，是“荣华富贵”的象征。

芙蓉花期为 8 月至 10 月，在我国辽宁、河北、山东、陕西、安徽、浙江、江西、台湾、广东、湖南、四川、贵州等省区栽培，系湖南原产。

饮酒

东晋　陶渊明

结庐在人境，而无车马喧。
问君何能尔？心远地自偏。
采菊东篱下，悠然见南山。
山气日夕佳，飞鸟相与还。
此中有真意，欲辨已忘言。

菊花

菊花，又名黄华，在我国有三千多年的历史。《离骚》中有一句最为著名：“朝饮木兰之坠露兮，夕餐秋菊之落英。”可见古人很早就开始养生，发现菊花不仅观赏性绝佳，还有延年益寿的功效。

曹丕在《九日与钟繇书》里写：“岁往月来，忽复九月九日。九为阳数，而日月并应，俗嘉其名，以为宜于长久，故以享宴高会。是月律中无射，言群木庶草，无有射地而生，至于芳菊，纷然独荣，非夫含乾坤之纯和，体芬芳之淑气，孰能如此！故屈平悲冉冉之将老，思飧（sūn）秋菊之落英。辅体延年，莫斯之贵。谨奉一束，以助彭祖之术。”

意思是说九月九日这一天宜于长久，应该享宴聚会。秋季百花凋零，唯有菊花一枝独秀，含乾坤之气，所以食菊花能助益身体。曹丕送钟繇一束菊花，祝愿他如彭祖（传说寿至八百岁）一般长寿。自此，菊花与重阳节密不可分，在重阳节赏菊花、喝菊花酒、吃菊花饼成了民间习俗。

魏晋南北朝时期名人高士向往修仙长生，所以菊花在此时备受推崇。东晋陶渊明爱菊如痴，人称“菊圣”。一首《饮酒》“采菊东篱下，悠然见南山”奠定了菊花超然的地位。自此，菊花不仅是延年益寿的吉祥花，还有了遗世独立的隐士之风。

菊花花期一般为 9 月至 11 月，遍布我国各地，尤以北京、南京、上海、杭州、青岛、天津、开封、武汉、成都、长沙、湘潭、西安、沈阳、广州以及中山市小榄镇等为盛。

翠菊

明 彭孙贻

露草含英不待秋，夕餐谁疗屈生愁。
似从蓝水浮花出，几片青溪带雨流。
倡女倩妆添晓钿，宫娥集翠想云裘。
幽芳未老嗟迟暮，欲见佳人可自由。

蓝菊

蓝菊，又名翠菊。蓝色的花并不多见，蓝菊可谓是独具一格，是秋日里风韵独特的一景。蓝菊生命力顽强，稀少珍贵，古朴优雅，宁静致远。

《花镜》中记载："蓝菊，产自南浙。本不甚高，交秋即开花。色翠蓝黄心，似单叶菊，但叶尖长，边如锯齿，不与菊同。然菊放时得一二本，亦助一色。"

《植物名实图考》中也记载："蓝菊，蒿茎菊叶，先菊开花，亦如千瓣菊，有红、白、蓝三色，种亦有粗细，以蓝色为秋菊所无，故独以蓝著。"

蓝菊花果期为 5 月至 10 月，产于我国吉林、辽宁、河北、山西、山东、云南以及四川等省。

乡民有进万寿菊者命张若霭图之

清　弘历

金蕾层还叠，
缃英浅复深。
菊同裛露秀，
葵比向阳心。
绘事闲中赏，
民情静里寻。
台怀重翠处，
还拟命摹临。

万寿菊

万寿菊，民间又称臭芙蓉。《花镜》中记载：“万寿菊，不从根发，春间下子。花开黄金色，繁而且久，性极喜肥。”

相对于散发出清香的芙蓉花，万寿菊会散发出特殊的臭味，所以得名“臭芙蓉”，但这并不影响万寿菊的美观。万寿菊枝叶翠绿，花朵大且鲜艳，尤为适合作为园林装饰和花坛布景。其花色金黄，开起来阳光灿烂。该花生命力强，花期长，所以被称为万寿菊。

此外，万寿菊可以食用，也可以入药，是象征健康长寿、福寿绵延的吉祥花卉。清代乾隆皇帝非常喜欢万寿菊的寓意，曾作过多首咏万寿菊的诗。

万寿菊花期为 7 月至 9 月，原产自墨西哥，在我国各地均有栽培。

僧鞋菊

明 杨循吉

凫舄当年巧制裁，
曾随老衲步云台。
逃禅误落东篱下，
化作霜花九月开。

僧鞋菊

僧鞋菊，是附子的别称，因为形似僧人的鞋而得名。开蓝紫色花，株形秀丽，花色鲜艳。

《花镜》中记载：“僧鞋菊，一名鹦哥菊，即西番莲之类。春初发苗如蒿艾，长二三尺。九月开碧花，其色如鹦哥，状若僧鞋，因此得名。”

《植物名实图考》中写僧鞋菊：“其花色碧，殊娇纤，名鸳鸯菊，《花镜》谓之双鸾菊，朵头如比邱帽，帽拆内露双鸾并首，形似无二，外分二翼一尾。”

僧鞋菊在开花的时候，根茎靠下方的叶片会枯萎凋零，更加凸显花朵的妖艳。因为观赏性强，僧鞋菊往往被成片种植，远远望去随风飘荡，非常震撼，带有魅惑的美。

这种花外表看起来美丽无害，可是全株都有毒性，是表里不一、“心肠歹毒”的花。修剪僧鞋菊的花和叶子时需要戴手套。而其根部有剧毒，也就是常说的乌头，是古代一种毒药。乌头的毒性极强，只要些许就可以致命。古人将它的汁液涂在箭上制成毒箭，见血封喉。

僧鞋菊花期为 9 月至 10 月，主要分布于我国四川和陕西，河北、江苏、浙江、安徽、山东、河南、湖北、湖南、云南、甘肃等亦有分布及种植。

浪淘沙·素馨

宋 刘克庄

目力已茫茫。缝菊为囊。论衡何必帐中藏。却爱素馨清鼻观，采伴禅床。

风露送新凉。山麝开房。旋吹银烛闭华堂。无奈纱厨遮不住，一地闻香。

素馨

素馨，又名耶悉茗花、野悉蜜花。素馨和茉莉一样都是自西域传入，此前名字皆为音译。

《广群芳谱》中描写素馨："枝干袅娜，似茉莉而小，叶纤而绿，花四瓣，细瘦，有黄、白二色，须屏架扶起，不然不克自竖。雨中妩态，亦自媚人。"《花镜》中对素馨评价也甚高："花似郁李，而香艳过之，秋花之最美者。"

《永乐大典》里记载："又《龟山志》谓昔刘王有侍女名素馨，其冢生此花因名。"刘隐是五代十国时南汉政权奠基人，立足于岭南。相传刘王有一侍女名叫素馨。素馨死后，她的坟冢上长满了素馨花，所以旧时岭南人爱种素馨。

素馨雪白淡雅，小而繁密，有恬淡清香，纯洁而又温馨。古代常将素馨与茉莉等作为熏香材质，还将其制成素馨花油涂抹头发，或是穿成一串作为女子首饰。

素馨花期为 8 月至 10 月，产于我国云南、四川、西藏以及喜马拉雅地区。

秋海棠

清 袁枚

小朵娇红窈窕姿，独含秋气发花迟。
暗中自有清香在，不是幽人不得知。

秋海棠

秋海棠，又名相思草、断肠花。秋海棠不是海棠，只因秋季绽放，花如海棠花一般美艳，故而得名。

《花镜》中记载："秋海棠，一名八月春，为秋色中第一。本矮而叶大，背多红丝，如胭脂，作界纹。花四出，以渐而开，至末朵结铃，子生枝椏。花之娇冶柔媚，真同美人倦妆。"

关于秋海棠为何叫断肠花，《群芳谱》中有记载："旧传昔有女子怀人，不至，泪洒地，遂生此花。色如美妇面，甚媚，名断肠花。"秋海棠气质柔弱哀婉，断肠花代表的是相思苦恋。

民间关于秋海棠的故事多与陆游和唐婉有关。陆游与表妹唐婉本结琴瑟之好，但陆游母亲不喜欢这个儿媳，两人被迫和离。后来陆游要去远方谋仕途，临别之际，唐婉送陆游一盆秋海棠，并告诉他这是断肠花。陆游称此花应为相思花，让唐婉好好照顾这盆花。

后来唐婉改嫁赵士程，陆游也另娶。陆游故地重游，至沈园时看到一盆秋海棠。他问园丁这是何花？园丁答相思花，是赵家少奶奶托他照顾的花草。后来，陆游在沈园遇到了唐婉夫妇，两人却只能擦肩而过。唐婉差人给陆游送来一壶酒。陆游悲伤至极，将酒一饮而尽，写下了著名的《钗头凤》："红酥手，黄縢酒，满城春色宫墙柳。东风恶，欢情薄，一怀愁绪，几年离索。错、错、错。"

秋海棠花期一般为7月至9月，分布于我国河北、河南、山东、陕西、四川、贵州、广西、湖南、湖北、安徽、江西、浙江、福建等地。

忆王孙十二首（集句）其十一

明 刘基

郁金苏合及都梁，
不是金炉旧日香。
懒对菱花晕晓妆。
细思量，
欲话因缘恐断肠。

都梁香

都梁香，又名佩兰、水香、大泽兰等。都梁香，浸在水里可让水带有香气，可以杀虫，香气清幽。其多用于佛教祭祀沐浴，能够除祟，避除不祥。

《钦定古今图书集成·草木典》中记载都梁香："盛弘之《荆州记》曰：都梁县有山，山下有水清浅，其中生兰草，因名都梁。因山为号，其物可杀虫毒，除不祥。"

《群芳谱》中也记载："都梁，紫茎绿叶，芳馨远馥，都梁县西有山，山上停水清浅，山悉生兰，山与邑得名以此。"久而久之，人们就取其地名，把这种兰草叫都梁香。

吴均在《行路难》中写"博山炉中百合香，郁金苏合及都梁"，刘基在《忆王孙十二首（集句） 其十一》中写"郁金苏合及都梁，不是金炉旧日香"。可见都梁香还是古人日常所用的香料之一。

都梁香花期为 8 月至 11 月，分布于我国山东、江苏、浙江、江西、湖北、湖南、云南、四川、贵州、广西、广东及陕西等地。

初秋闲记园池草木五首　其三

宋　范成大

旱地莲花娇小，水盆栀子幽芳。
蘘帐半年春艳，桂丛四季秋香。

旱金莲

旱金莲，又名旱莲花、旱地莲。旱金莲只是在叶片外观上和荷花相似，但它生长在干燥的土地上而非水塘中，又因为橘红色花朵美丽大方，所以得名旱金莲。

旱金莲有黄色的，也有橘红色的。无论花还是叶，旱金莲都很有辨识度。其茎蔓柔软娉婷，花朵鲜艳靓丽，如喇叭般自由盛放，阳光热烈。花朵随风摇曳时如同飞舞的雀儿，所以又叫大红雀。

《植物名实图考》中记载旱金莲："蔓生，绿茎脆嫩，圆叶如荷，大如荇叶。开五瓣红花，长须茸茸。花足有短柄，横翘如鸟尾。"

旱金莲花期为6月至10月，原产自南美巴西、秘鲁，在我国河北、江苏、福建、江西、广东、广西、云南、贵州、四川、西藏等省区均有栽培，是常见的庭院或温室观赏植物。

冬雪

你好，中国花语

蜡梅一首赠赵景贶

宋　苏轼

天工点酥作梅花，此有蜡梅禅老家。
蜜蜂采花作黄蜡，取蜡为花亦其物。
天工变化谁得知，我亦儿嬉作小诗。
君不见万松岭上黄千叶，玉蕊檀心两奇绝。
醉中不觉度千山，夜闻梅香失醉眠。
归来却梦寻花去，梦里花仙觅奇句。
此间风物属诗人，我老不饮当付君。
君行适吴我适越，笑指西湖作衣钵。

蜡梅

蜡梅，同腊梅，又称黄梅花等。蜡梅和梅花并不是同一种。《本草纲目》中解释："此物本非梅类，因其与梅同时，香又相近，色似蜜蜡，故得此名。"《花镜》中也记载："蜡梅俗作腊梅，一名黄梅，本非梅类，因其与梅同放，其香又相近，色似蜜蜡，且腊月开，故有是名。"

隆冬时节百花凋零，蜡梅开出淡黄色的花装点冬日，斗傲霜寒，坚毅高洁的品格深受人们的喜爱。但蜡梅的真正成名由北宋开始，得益于苏轼和黄庭坚这对文坛好友。

黄庭坚先是写了《戏咏蜡梅二首　其一》："金蓓锁春寒，恼人香未展。虽无桃李颜，风味极不浅。"在诗后面，他加了一段注释："京洛间有一种花，香气似梅，花亦五出，而不能晶明，类女功拈蜡所成，京洛人因谓蜡梅。木身与叶乃类蒴藋（shuò zhuó）。窦高州家有灌丛，能香一园也。"苏轼紧随其后写了《蜡梅一首赠赵景贶》，其中一句"天工点酥作梅花，此有蜡梅禅老家"，直接将蜡梅推向了巅峰。蜡梅自此声名大振，成为文人诗画中的常客。

蜡梅黄色温润淡雅，香气宜人，常被作为年宵花，在冬季案头瓶供数枝，淡雅不俗，香可盈室。

蜡梅花期为 11 月至翌年 3 月，在我国野生于山东、江苏、安徽、浙江、福建、江西、湖南、湖北、河南、陕西、四川、贵州、云南等省，广西、广东等省区亦有栽培。

王充道送水仙花五十枝欣然会心为之作咏

宋 黄庭坚

凌波仙子生尘袜，水上轻盈步微月。
是谁招此断肠魂，种作寒花寄愁绝。
含香体素欲倾城，山矾是弟梅是兄。
坐对真成被花恼，出门一笑大江横。

水仙

水仙，又有金盏银台、姑射仙子、凌波仙子等雅称，在我国有一千多年的历史。因其花形独特，花朵素洁高雅，所以民间在春节时多买水仙作为年宵花，开花时满屋飘香，象征美满祥和、阖家团圆。

《群芳谱》中描写水仙："冬间于叶中抽一茎，茎头开花数朵，大如簪头，色白，圆如酒杯，上有五尖，中心黄蕊颇大，故有金盏银台之名，其花莹韵，其香清幽。"

古人多喜爱水仙，觉得它似不食人间烟火的仙子。最早把水仙称为"凌波仙子"的人是黄庭坚。看到临水娇柔的水仙花，他想到了《洛神赋》中的洛神，然后写出了"凌波仙子生尘袜，水上轻盈步微月"。

而李渔对水仙更为痴迷，他在《闲情偶寄》中称水仙是他的命："水仙一花，予之命也。予有四命，各司一时，春以水仙兰花为命，夏以莲为命，秋以秋海棠为命，冬以蜡梅为命。无此四花，是无命也。一季缺予一花，是夺予一季之命也。"李渔还说自己是为了水仙才安家秣陵（今南京）。有一年，水仙花开时他囊中羞涩没钱购买，家人觉得一年不看此花也没什么奇怪的，但李渔却说这是要了他的命，他从外地冒雪赶回就是为了看水仙花。家人劝不过他，只好典当首饰让他去买水仙花，可见其对水仙花的痴迷程度。

水仙一般花期为1月至2月，我国水仙的原种为唐代从意大利引进，是法国多花水仙的变种。现在水仙在浙江、福建沿海岛屿自生，其他各省区全系栽培。

兰

宋 苏轼

本是王者香，托根在空谷。
先春发丛花，鲜枝如新沐。

兰花

兰花，花色淡雅，端庄隽秀，文静质朴，在我国有两千多年的历史。兰花自古是高洁典雅、品格高尚的象征，与梅、竹、菊并称为“花中四君子”。

兰花在我国文化历史上有着崇高的地位，主要与孔子有关。孔子历聘诸侯都不成功，从卫国返回鲁国的途中，看到芗兰在幽谷中独茂，于是作《猗兰操》叹曰：“夫兰当为王者香，今乃独茂，与众草为伍，譬犹贤者不逢时，与鄙夫为伦也。”孔子是将自己比喻为兰花，本应为王者香，却贤者不逢时，君主不能慧眼识珠，将其与粗鄙的人混为一谈。苏轼曾写《兰》：“本是王者香，托根在空谷。先春发丛花，鲜枝如新沐。”这里所说王者香的典故，就是来源于此。

孔子还曾说：“芷兰生幽谷，不以无人而不芳，君子修道立德，不为穷困而改节。”所以后世多称兰为幽兰，视兰花为花中君子。兰花也多意指质朴美好，象征君子高尚的品格。比如“蕙质兰心”用以形容女子贤惠聪颖，“君子如兰”用以形容男子谦逊儒雅，“义结金兰”用以形容情谊坚固深厚。

兰花种类繁多，有春兰、蕙兰、建兰、寒兰等。其观赏价值很高，多用盆栽种，放置于厅堂或者书案上作为清雅点缀，彰显主人的品位。

不同种类的兰花花期也不同。春兰在2月至3月，蕙兰在4月至5月，建兰在7月至10月，而寒兰则是在11月至翌年2月。这些品种统称为中国兰，在我国各地均有分布，分布种类最多的是云南、四川和台湾。

山茶一树自冬至清明后着花不已

宋　陆游

东园三月雨兼风，桃李飘零扫地空。
唯有山茶偏耐久，绿丛又放数枝红。

山茶

《广群芳谱》中这样描写山茶："叶似木樨，硬有棱，稍厚，中阔寸余，两头尖，长三寸许，面深绿光滑，背浅绿，经冬不脱，以叶类茶，又可作饮，故得茶名。花有数种，十月开至二月。"

山茶娇艳美丽，而且花期很长，不畏严寒，戴雪而荣，有耐冬的品性，象征着不畏强权，勇敢坚韧。

李渔认为山茶有仙骨，在《闲情偶寄》中评价："花之最能持久，愈开愈盛者，山茶、石榴是也。……榴叶经霜即脱，山茶戴雪而荣。则是此花也者，具松柏之骨，挟桃李之姿，历春夏秋冬如一日，殆草木而神仙者乎？"

山茶以云南滇山茶最为知名。传说平西王吴三桂在云南建造阿香园，要求云南各地进献奇花异草。陆凉县境内普济寺有一株山茶，为天下珍品。当地百姓不耻吴三桂降清，不愿进献。山茶仙子为免百姓受牵连，托梦让他们把自己进献给吴三桂。被送至阿香园后，山茶叶子全部掉光，此后三年只长叶不开花。吴三桂大怒抽打茶树，还下令治花匠的罪。山茶仙子为搭救花匠，现身于吴三桂梦中，大骂他投降清军，天怒人怨，必降祸祟。梦中吴三桂举起宝剑，砍向山茶仙子，却劈在九龙椅上，砍下一颗血淋淋的龙头。吴三桂惊醒觉得不祥，遂把茶树送回原地。山茶得以回归故里，所以在云南，山茶又称"胜利花"。

山茶花期一般为 10 月至翌年 5 月，因品种而异，盛花期通常在 1 月至 4 月份，主要分布在浙江、江西、四川、重庆、山东及云南。

南天竺花

宋 杨巽斋

花发朱明雨后天，结成红颗更轻圆。
人间热恼谁医得，正要清香净业缘。

南天竹

南天竹，又称南天竺、天烛子。《广群芳谱》中记载南天竹："干生年久，有高至丈余者，糯者矮而多子，粳者高而不结子。叶如竹，小锐，有刻缺。梅雨中开碎白花，结实枝头，赤红如珊瑚，成穗，一穗数十子，红鲜可爱，且耐霜雪，经久不脱。植之庭中，又能辟火。"

关于南天竹能辟火的传说，《广群芳谱》中也有记载："轩辕帝铸鼎南湖，百神受职。东海少君以是为献，且白帝云：'女娲用以鍊石补天，试以拂水，水为中断，试以御风，风为之息。金石水火，洞达无阂。'帝异焉，命植之蓬壶之圃。"说当年轩辕帝铸鼎，百神受职，东海少君把南天竹献给轩辕帝，并说女娲补天时，南天竹能断水息风，神通广大。轩辕帝闻言，将南天竹种在蓬莱花圃中，自此有了南天竹能辟火的说法。南天竹还被称为植物界的"变色龙"，其叶片颜色随四季变化。李渔在《闲情偶记》中称赞南天竹等植物以叶取胜，别具一格："草木之类，各有所长，有以花胜者，有以叶胜者。……如老少年、美人蕉、天竹、翠云草诸种，备五色之陆离，以娱观者之目乎？即有青之绿之，亦不同于有花之叶，另具一种芳姿。"

入霜后其叶不落，结朱红色果实，如珊瑚珠一般喜庆热烈，所以被视为家族兴旺、子孙满堂的象征，多被栽种于庭院。又因"竹"与"祝"谐音，人们将南天竹盆栽与水仙、蜡梅等视为辞旧迎新的年宵花。

南天竹花期为 3 月至 6 月，果期为 5 月至 11 月，产于长江流域及陕西、河南、山东、湖北、江苏、江西、广东、云南、贵州、四川等省。

新添声杨柳枝词二首 其二

唐 温庭筠

井底点灯深烛伊，
共郎长行莫围棋。
玲珑骰子安红豆，
入骨相思知不知。

红豆

红豆，树姿优雅，枝叶繁茂，红豆种子如珊瑚珠般鲜红亮丽，自古被视为情爱相思之物。

《花镜》中记载："红豆树，出岭南，枝叶似槐，而材可作琵琶槽。秋间发花，一穗千蕊，累累下垂。其色妍如桃杏，结实似细皂角。来春三月，则荚枯子老，内生小豆，鲜红坚实，永久不坏。市人取嵌骰子，或贮银囊，俗皆用以为吉利之物。"民间爱将红豆嵌入骰子里，或者将一把红豆放入锦囊里，可以去除霉运，预示幸运。

红豆为什么代表相思？传说古代一男子从军出征，他的妻子每日在大树下等候丈夫归来。丈夫久久未归，妻子思念丈夫以泪洗面。泪水流干后，流出鲜红的血，化作红豆滴落地上生根发芽，长成了大树。

后来人们就把红豆称为相思豆，它也成了文人诗词中寄予相思之物。诗句中最著名的当属王维的《相思》："红豆生南国，春来发几枝，愿君多采撷，此物最相思。"还有温庭筠的《新添声杨柳枝词二首 其二》："玲珑骰子安红豆，入骨相思知不知。"

红豆花期为4月至5月，果期为10月至11月，红豆树为中国特有种，分布于陕西、江苏、湖北、广西、四川等地。我们日常吃的红豆是赤小豆，与红豆并不是同一种。

奉天殿早朝二首 其一

明 杨基

双阙翚飞紫盖高，日华云影映松涛。
万年青拥连枝橘，千叶红开并蒂桃。
仗以玉龙衔宝玦，佩将金兕错银刀。
乍晴风日欣妍美，阖殿齐穿御赐袍。

万年青

万年青，又名蒀（yūn）。多栽于盆中，叶片青翠，可以保持数月不凋零，结出的浆果殷红饱满。

《花镜》中记载万年青："阔叶丛生，深绿色，冬夏不萎。吴中人家多种之，以其盛衰占休咎。造屋、移居、行聘、治圹（kuàng）、小儿初生，一切喜事，无不用之，以为祥瑞口号。至于结姻币聘，虽不取生者，亦必剪造绫绢，肖其形以代之。"意思是古代民间的喜事都会用到万年青。结婚即便不用真的万年青，也会描剪其形，织绣到绫罗绸缎上。

万年青因为名字好听，有吉祥太平、万古长青的寓意。古代文人喜欢将其置于书斋和厅堂的条案上，视其为清雅之物。而在清朝，万年青尤其受到皇家喜爱，因为万年青的"青"字与清朝的"清"字同音。清宫爱用桶栽种万年青，取"一桶万年青"，一统万年长青之意，甚至还打造了大量万年青玉石盆景，过年时摆放在各宫之中。盆景的叶子用碧玉琢成，果子用珊瑚雕刻，富丽堂皇。

万年青主要赏叶赏果，但也会开花，花期为 5 月至 6 月，果期为 9 月至 11 月，产于我国山东、江苏、浙江、江西、湖北、湖南、广西、贵州、四川等地。

中国节庆习俗花语表

新年/春节

年宵花

水仙

美满祥和、阖家团圆

南天竹

家族兴旺、子孙满堂

蜡梅

坚毅高洁、淡雅不俗

清明节/寒食节

梨花

离愁别绪、悲情伤感

石榴花

端午节

榴花禳瘟剪五毒，
辟邪除祟、守护美好

牵牛花

七夕节

牛郎星化身，
象征牛郎织女的思念与爱情

鸡冠花

中元节

洗手花，供奉祖先，
以示对祖先的敬畏

桂花

中秋节

荣华富贵、飞黄腾达

菊花

延年益寿、含乾坤之气

重阳节

萱草花

母亲花，令人身心愉悦，解除烦恼忧思

送母亲

慈姑

让灶王爷『上天言好事，回宫降吉祥』

祭灶

栀子花

同心花，友情心意相通、情谊长久

送朋友

送长辈

忍冬

多福多寿、长命百岁

枸杞

生命常青、不老延年

万寿菊

健康长寿、福寿绵延

造屋、搬家、订婚、墓葬、小儿初生

万年青

吉祥太平、万古长青

结婚

荷花

连理恩爱、佳偶天成

参考文献

汉 刘歆 等 / 西京杂记（外五种） / 上海古籍出版社，2012

汉 班固 / 汉书 / 中华书局，2012

晋 葛洪 / 神仙传 / 中华书局，2017

晋 张华 / 博物志 / 中华书局，2019

南朝梁 吴均 / 续齐谐记 / 钦定四库全书子部 / 商务印书馆，2006 影印本

唐 段成式 / 酉阳杂俎 / 上海古籍出版社，2012

宋 高承 / 事物纪原 / 中华书局，1989 影印本

宋 陆游 / 老学庵笔记 / 中华书局，2019

宋 罗愿 / 尔雅翼 / 黄山书社，2013

宋 惠洪 / 冷斋夜话 / 上海古籍出版社，2012

宋 陶穀 / 清异录 / 汇聚文源，2015 电子版

宋 李昉等 / 太平广记 / 中华书局，2020

宋 孟元老 / 东京梦华录 / 三秦出版社，2021

宋 袁褧 / 枫窗小牍 / 上海古籍出版社，2012

宋 宋祁 / 益部方物略记 / 汇聚文源，2015 电子版

宋 范成大 / 范村梅谱（外十二种）/ 上海书店出版社，2017

明 王象晋 / 二如亭群芳谱・明代园林植物图鉴 / 上海交通大学出版社，2020

明 李时珍 / 本草纲目 / 北京联合出版公司，2015

明 张岱 / 陶庵梦忆 / 万卷出版公司，2016

明 张翰 / 松窗梦语 / 汇聚文源，2015 电子版

明 徐宏祖 / 徐霞客游记（译注本）/ 江苏凤凰文艺出版社，2020

明 解缙 / 永乐大典 / 汇聚文源，2015 电子版

明 宋应星 / 天工开物译注 / 上海古籍出版社，2016

清 张兆祥 / 百华诗笺谱 / 天津文美斋，清宣统三年木刻本

清 张兆祥 / 百花诗笺谱 / 江西美术出版社，2018

清 陈淏子 / 花镜 / 浙江人民美术出版社，2019

清 李渔 / 闲情偶寄 / 知识出版社，2015

清 顾禄 / 清嘉录 / 江苏凤凰文艺出版社，2019

清 吴其浚 / 植物名实图考 / 文物出版社，1993 影印本

清 纪昀 / 阅微草堂笔记 / 上海古籍出版社，2016

清 汪灏 / 御定佩文斋广群芳谱 / 钦定四库全书子部 / 商务印书馆，2006 影印本

清 陈梦雷 蒋廷锡 / 钦定古今图书集成 / 齐鲁书社，2006 影印本

民国 徐珂 / 清稗类钞 / 中华书局，2010

王秀梅 译注 / 诗经 / 中华书局，2016

林家骊 译注 / 楚辞 / 中华书局，2016

孙通海 译注 / 庄子 / 中华书局，2016

胡平生 张萌 译注 / 礼记 / 中华书局，2017

方勇 李波 译注 / 荀子 / 中华书局，2011

管锡华 译注 / 尔雅 / 中华书局，2014

傅硕 译注 / 山海经 / 江西人民出版社，2016

潘富俊 / 美人如诗，草木如织：诗经植物图鉴 / 九州出版社，2018

潘富俊 / 草木零落，美人迟暮：楚辞植物图鉴 / 九州出版社，2018

潘富俊 / 字里行间，草木皆兵：成语典故植物图鉴 / 九州出版社，2019